20歲的人脈力養成講座

成功約到
1000 位企業主的
實用心理技巧
讓技術、資金、
情報集結到你身邊

20 代から始める
「人脈力」養成講座

內田雅章——著　林詠純——譯

目次

第三章　交流力：加深人際關係，培養更多人脈

第四章

禮貌力：不破壞人脈的禮貌與技巧

■前言

愈年輕愈容易建立你的人脈

我在發表演說時，經常有機會對年輕上班族談論「人脈力」，然而有一個現象時常讓我覺得很可惜。那就是有非常多的人，雖然大致上理解人脈的重要性，卻依然覺得「自己很難有什麼人脈」，或是「建立人脈什麼的還太早」。

比這更糟的是，有人連「想要建立人脈」的自覺也沒有，甚至還有人不知道人脈有什麼用處。

更甚者，真的還有很多人一聽到「運用人脈來讓事業成功吧」，就覺得好像是走後門、還是做了什麼壞事一樣。

首先，我要說這樣的觀念大錯特錯。

「人脈力」換個說法，也可說是「建立人際關係的能力」。我想，有很多人因為人際關係而煩惱，如果他們能夠磨練人脈力，就能更順利地建立超越世代的人際關係。換句話說，人脈力能夠讓支持你的人增加，而「培養人脈力」才是讓你與夥伴在嚴峻的世界中互相幫助、自在悠遊的祕訣。

每個人都有他「想做的事情」與「夢想」，但是一個人能夠發揮的力量當然有限。在商場上，藉助他人的能力來推動工作，遠比自己埋頭苦幹有效率。而如果你想藉助別人的力量，首先必須幫助別人。重點在於，我們如果想要成為「總是能夠獲得別人幫助的人」，就要有「把時間一半用來做自己想做的事，一半用來幫助別人」的心理準備。這麼做，事情才能快速進行。

換句話說，人脈力能夠加速實現「想做的事」與「夢想」。

這本書的第一個目標，就是希望各位讀者能夠像這樣的轉換想法，接著再介紹能夠實際建立、培養人脈的具體方法。而書中介紹的所有方法，我都親自實踐過。

年紀愈輕，對於培養人脈力愈有利。因為年輕人可以在許多前輩或成功者的保護下學習。我想也有很多人不擅長與年長者交往，但是沒關係，不管是誰，都會本能地想要支持努力的人，而且愈年輕，愈容易獲得年長者的疼愛。

讀了這本書之後，應該就能消除對年長者的恐懼，或覺得他們很難親近之類的成見，而且也能漸漸了解如何建立超越世代的、真正的人際關係。

人脈力是一種只要有心，人人都可以學會的技巧，而且也會成為「一輩子都能使用的武器」。人脈力在你身為上班族的時候、創業的時候，甚至在退休後的人生當中，都能成為你的一大支柱。

「人脈力」不只能夠運用在事業上，也能使你的人生於公於私都更加充實。希望你在閱讀本書之後，也能開始建立超越世代與職業的人際關係，我也會為你加油的！

內田雅章

序章

建立人脈要從二十歲開始

不藉助他人的力量，就不可能獲得成功

如果想要實現「夢想」

「夢想」幾乎不可能獨自一人實現。要實現夢想，最重要的是一直懷抱著「想要實現夢想」的信念，以及聚集對這個夢想產生共鳴的人。

無論一個老闆再厲害，如果沒有能夠一起分享想法、一起流汗的員工幫助，就不可能獲得成功。

軟體銀行集團的創辦者孫正義先生，擅長提出願景、把願景傳達給別人。他會提出嶄新、龐大的構想，判斷最佳行動時機，再一舉進攻。二〇〇〇年代初期推廣寬頻網路的時候是如此、二〇一一年在三一一大地震後提出全新的能源開發計畫時也是如此。

「我想讓大家開心，想要提供比現在更舒適的服務」孫先生只是抱持著「想要實現夢想的強烈信念」而已。他自己並不是金融或業務的專家。他描述了一個遠大的夢想，這個夢想聚集了能與它共鳴的人，最後他的夢想就逐漸實現。

對孫先生的想法產生共鳴的人，會帶給他建議，譬如：「這麼做可以籌措資金」、「這麼做能夠取得新技術」、「這個人可以幫助你」。

這麼一來，「人力、物力、金錢、情報」這所有的資源都集結到他身邊，一口氣幫助他把夢想實現。

站在頂點的人皆是如此，他們闡明理念，吸引對這個理念有共鳴的人以員工或是生意夥伴的身分前來，提供想法、技術、資金，建立起一個事業。

或許不是每個人都能像孫先生一樣。不過，只要我們一直懷抱著「想要實現夢想的信念」，別人就有可能為我們帶來機會、幫助我們完成。當我們想要實現夢想時，就必須要思考該如何建立這樣的人際關係與環境。

相反的，一個人如果沒有意識到人脈力（構築人際關係的能力）的重要性，就會只想要靠著自己的力量與自己籌措的資金，來實踐這個「想要實現夢想的信念」。這很難成功，因為一個人能夠做的事情有限。

夢想不是光靠一個人就能實現的。

如果你覺得就算告訴你孫先生如何完成大事業的例子，你也很難理解人脈的重要性，那麼改用你實際參與的計畫或企畫當例子如何呢？工匠或藝術家另當別論，其他工作幾乎都無法在一個人獨自努力之下完成，你一定需要別人的想法、幫助或資金。

有太多人無法理解這點。他們都認為自己的夢想是自己的樂趣，要由自己來實現。然而事實並非如此，實現夢想最有效率的方法，應該是彼此幫助才對。

做不出成果的人，是因為把力氣用在錯誤的地方

學校的考試禁止作弊，要靠自己的力量來完成。但是工作卻不一樣，在期限內確實交出成果即可，只要能夠做出成果，不管參考什麼資料、借助誰的力量都無所謂。

愈是所謂「手腳慢」的人，似乎愈不擅長與別人商量。他們或許覺得「與其找別人幫忙，還不如自己做比較快」、「花時間跟別人說明很麻煩」等等，最後就變成自己一個人埋頭苦幹。

甚至還有人在主管發現這樣的情形而打算減少他的工作量時，覺得自己的工作被搶走了。

這個世界上多少都有把「獨自默默努力」當成美德的想法，因此愈是認真的人，愈容易自己一個人白費力氣，結果抱著一堆做不完的工作自取滅亡。

這樣的人，其實把力氣用錯了地方。

如果沒有他人的幫助，絕對無法在商場上獲得成功。一頭栽進自己的世界裡，也不會有任何好處。獨自一個人的努力，不能變成只是自我滿足而已。我再重申一次，工作的評價取決於成果。

如果我們想要藉助他人的力量，必須激起他人共鳴，使他們成為你的支持者。如果一個人無法博得別人好感、讓人不想支持，就算獲得一時的成功也無法維持，譬如他們可能會因為內部告發而讓人抓住把柄、即使站到高位，也可能會使優秀的夥伴或下屬辭職。

日本綜合折扣連鎖店唐吉軻德的創業者，同時也是現任董事長（兼CEO）的安田隆夫在當初創業時，心裡只有「想要實現夢想的強烈信念」而已。結果，某天他去到店裡，發現員工全都沒有來上班。

即便如此，安田先生依然自己打開上鎖的店門、盤點存貨。然而他也發現「不能只是把自己的想法強加在員工身上」、「如果不能讓員工產生共鳴，公司就無法成長」。

「如何獲得他人的幫助」，換個說法就是「如何熟練地利用他人的力量」。「為了實現自己的夢想而利用別人」或許聽起來很自私，然而別人也會為了實現夢想來利用你，這是互相的。

我們可以想像這裡有一艘很大的船，上面不只載著自己的夢想，也載著其他人的夢想，這樣我們就會覺得要「大家一起向前進！」。而我們所懷抱的夢想愈大，就能幫助愈多人實現他們的夢想。

日本旅行社ＨＩＳ的董事長澤田秀雄，在長崎縣佐世保市的主題樂園「豪斯登堡」實施大規模改革。他在二〇一〇年四月就任豪斯登堡的社長後，僅僅半年就讓連續虧損十八年的豪斯登堡轉虧為盈。

澤田先生以「建立東洋第一的遊樂園」的目標來激勵大家。這個遠大的願景承載著許多人的夢想。不只有出資者與員工的夢想，也包含了生意上往來的企業、當地居民，還有遊客的夢想。

尋找自己專屬的導師

高爾夫球選手石川遼是日本世巡賽最年輕冠軍，以及最年輕獎金王等紀錄的保持人。雖然大家都只把焦點擺在他個人的高爾夫球天分上，然而石川選手並非獨自一個人面對比賽，他還有一流的經理、按摩師、飲食與健康管理師等後勤人員。

游泳選手北島康介、花式滑冰選手淺田真央身邊，也都有專屬教練、專屬指導員以及專屬按摩師。F1賽車等更完全是以團隊模式在運作。

人生也一樣，如果不增加支援自己的後勤人員，就絕對無法獲得成功。

不管是多麼頂尖的運動選手，都無法完全了解自己的身體狀況。如果練習時只有選手一個人，可能會造成練習內容不平均，無法有效率地提升自己的能力。無論一個人再怎麼埋頭苦練，最後展現不出成果也沒有意義。這種情況就需要能夠提出客觀意見的教練或指導者幫助。

如果練習方式正確，必定可以讓能力提升到一定程度。這在商場上也一樣。找出自己心目中的教練或指導者，更極端的說是「人生的導師」，以正確的方式鍛鍊，才是有效率的做法。

我的第一位導師是糸山英太郎先生，他是一名實業家兼政治家。

糸山先生曾任前首相中曾根康弘的祕書，在三十二歲時代表自由民主黨參選參議院議員並當選。現在已退出政治界，成為新日本觀光社的老闆以及湘南工科大學的總長兼理事長。他也是一名資產家，是許多知名企業的最大個人股東。

我之所以能夠認識糸山先生，是因為糸山先生的公子太一朗在我剛畢業時，和我同梯進入同一間銀行任職。

太一朗在進公司三個月後，邀請我參加六月四日糸山先生的生日宴會。我曾經去他家玩過幾次，因此原本以為他們會在家裡舉辦家庭式宴會。然而，他卻告訴我宴會的地點是在帝國飯店，所以我就想：「這樣的話，他們應該是在餐廳慶祝吧。」

當天，太一朗開車來接我，當我們一走進帝國飯店時，我就被大宴會廳聚集了上千名賓客的景象所震撼。他指著遠遠站在台上的人說「那就是我父親」。這是我和糸山先生第一次見面。

後來，糸山先生也好幾次邀請我一起去打網球或高爾夫球。因為他雖然想帶兒子一起去，可是兒子卻覺得打球時身邊全都是父親的朋友，連一個聊天的對象也沒有，所以糸山先生總是會找我去陪他兒子。

糸山先生的網球教練一直都是美女。在雙打比賽時，美女教練與糸山先生的組合總能贏得比賽。糸山先生的周圍，也聚集了許多政經大老或名人。我當時雖然只有二十三歲，但是在見識到這樣的世界後，開始覺得自己的現狀很無趣了。因為這樣衝擊強烈的邂逅，我決定把糸山先生當成人生的導師。

糸山英太郎的思考方式、行動方式帶給我相當大的影響。跟在傑出的人身邊，毫無疑問地可以盜取他的精華。

我直到現在依然十分尊敬糸山先生的交際手腕、充滿幽默的對話、調皮又不服輸的個性等等。因為我尊敬著這個人，所以即便出現關於他的負面傳聞或報導，我也覺得無所謂，因為我一點也不在意這種事。

活力門（livedoor）總裁堀江貴文雖然被逮捕，我依然打從心底尊敬他經手的事業以及他所擁有的創業家精神。事實上，他也帶給年輕世代「只要我們去做，或許也能成功」的希望。

人都有好的一面與壞的一面。我們不是神，所以最好不要用膚淺的、單一的價值觀來評斷他人。

而且我也覺得一旦決定尊敬某人，就要珍惜那時的心情，之後也要持續尊敬下去。

比起存錢，不如把錢投資在建立人脈上

有錢人想要開法拉利，只要去買就可以了。但是如果沒錢該怎麼辦呢？是要存錢買，還是要貸款買？兩者都不是我的答案。我的答案是「去借一輛法拉利來開不

就好了。」

如果只是想開法拉利，擁有它並沒有意義。不僅停車費貴，也必須支付稅金。我缺乏占有欲，所以從出生到現在從來沒有買過車。但是相對的，我住在租車公司附近，並且把那裡所有的車都當成是自己的東西。因為只要跟店員說一聲，他們馬上就會為我準備好擦得發亮的車子。

只要住在便利商店附近，就像擁有巨大的冰箱。我覺得我們只是不把東西擺在家裡，而是擺在便利商店或街上的商店中而已。更極端地說，我們甚至可以把整個城市都當成是自己的倉庫。

如果只顧著存錢，你的年華就會在存錢時老去。前面提到的糸山先生曾經告訴我「要花錢提升自己」、「不能只想著要存錢」。年輕人不應該只是執著於把錢存起來，而是要積極地投資自己。

自我投資也不是什麼特別的事情。我在擔任銀行員時過了六年的上班族生活，這段期間也沒有進行什麼大不了的「自我投資」，頂多就是去稍微高檔一點的餐廳用餐、出席讀書會或宴會、豁出去回請曾經請過自己的人而已，只要從這樣的事情開始就可以了。

我再強調一次，二十幾歲的時候才更應該增廣自己的見聞、盡量累積經驗、建立各式各樣的人際關係。這些都能為我們帶來「人脈」。

不要為自己的行動踩煞車

人際關係不是用錢就能買到的。就這點來說，戀愛也一樣。

日本女演員黑木瞳，為什麼會和在廣告公司電通工作的上班族結婚呢？世界上有錢的男演員或運動員明明多如牛毛，她為什麼會選擇所謂的「上班族」呢？

我聽說，這是因為沒有其他人認真追求過她的關係。

大多數想追求她的人，在追求之前就已經先否定自己的想法，譬如：「自己絕對不可能和這樣的美女交往」、「她已經有交往對象了吧」、「被拒絕很丟臉」、

「不想成為媒體的話題」等等。結果，最後娶到黑木瞳的，就是真心、熱烈向她求婚的「上班族」。

我認為，如果你想和喜歡的異性發展出深厚的關係，就應該馬上去向她搭訕，不能用各種藉口來為自己的行動踩煞車。搭訕後失敗、沒有搭訕而後悔，你要選擇哪一項？我覺得應該選擇前者，這就是我的人生觀。

現在的年輕人在和異性來往時，可以完全依靠電子郵件和手機，但是以前只能鼓起勇氣打電話到對方家裡。當然，接起電話的有可能是她的父母。因為從前沒有電子郵件，所以他們也寫情書。當時沒有工具能夠頻繁傳達彼此心意，這部分就用濃密的約會時間來補足。

現在的人就算戀人就在眼前，也會在手機上滑來滑去。「首先應該重視眼前的人」這個基本原則，很容易被忽略掉。

我想，最好還是要更積極地培養直接與人見面，看著對方表情進行交心對話的習慣。

獲得長輩的支持

建立人脈愈年輕愈有利

無論是運動還是學習，都是愈早開始愈有利。所以應該從二十多歲時就開始有意識地去經營人際關係，或者說是建立人脈。並且如同先前提到的，要盡早找到專屬於你的「導師」。

儘管如此，應該有很多人雖然可以大致了解同年代的人在想什麼，卻很難理解年長者的感情與思考方式吧！所以在年輕的時候，無論如何都容易覺得年長的人很難溝通。

然而，我們也必須理解這樣的現實：實際推動這個世界的，都是四十、五十、六十、七十多歲的人。

多數的年輕人都會說「我想做這樣的事」、「我能做這樣的事」、「我要默默的努力」。但是只有這樣是不行的，如果不能說動掌握決定權的人，就無法推動任何事情。

該怎麼做才能獲得他們的認同呢？

事實上年長世代的人，都有「想要成為年輕人的依靠」、「想要指導年輕人」、「想要支持年輕人」的欲望。

當然，他們只有在面對自己喜歡、看好的人，或是有利害關係的人時，才會認真給建議。也就是說，只要成為這兩種人之一，就能獲得他們的支持。

換言之，我們不能因為覺得年長者很難溝通就遠離他們、反抗他們，相反地要投入他們的懷抱。如果有不懂的地方就要直率地向他們請教、不斷地吸收他們的優點，你的能力自然而然就能獲得提升。

愈年輕愈容易獲得年長者的疼愛。我們必須盡早意識到這點，並且磨練自己與年長者建立人際關係的直覺。

不用繳學費就能學習經營祕訣

很難找到什麼人能發自內心由衷地願意去指導一個比自己年長的人。這也表示愈年輕的人愈容易獲得指導，即使只差一歲也一樣。年紀小的人能夠得到疼愛，比較容易建立人際關係。

所以我們要好好地聽從年長世代的建議，因為這些建議是原本應該是要繳學費才能學到的寶貴經驗，而且這比去補習班更有效率。

補習班與學員之間由於有金錢往來，教師指導學員純粹是為了工作，與對這個學員的好惡沒有關係。這也代表指導者並非全心全意。

但是如果沒有金錢往來，指導者只會去教他們想教的人。願意教多少，也隨著他們的心情，以及對方給他們的印象而異。因此相反地，如果能夠主動發展出「指導」與「被指導」的關係，教學內容的品質就有保障。

如果你想知道經營事業真正的訣竅，就要獲得年長世代的疼愛，讓他們傳授你各種見聞與技巧，這點相當重要。

我在大學剛畢業時成為銀行員，後來辭掉銀行的工作，投入外賣便當店、房地產開發商、經營銀座俱樂部、社長祕書等完全不同的世界。在這些業界磨練時建立的人脈，就成為我的資產。

影響我最深的人是VALUE CREATION的前社長天井次夫先生。他曾經營日本創投協議會，將創新企業家組織化，並且根據會員企業提供的情報來決定是否進行投資。

曾有各式各樣的人給過我機會，然而在這些人當中，只有天井先生為我的人生帶來戲劇性的轉變。那時我大約三十歲，在銀座經營一間俱樂部，雖然天井先生和我只是第二次見面，他卻對我說：「我想用每個月五十萬日圓的代價買下你白天的時間。」

如果沒有遇見天井先生，我可能不會與這些有力創新企業的老闆有交集，也不會與在那裡認識的人建立人脈。我至今依然由衷地感謝天井先生，他帶給我的經驗真的很寶貴。

總而言之，我在業界磨練時，總是一直投入新的世界，因此如果不向人請教、請別人幫忙，就什麼事情也做不成。我在那時學到了一個重點，那就是徹底執行師傅或前輩教我的東西。學習他們教我的東西、為他們竭盡全力，這就是通往成功的捷徑。

建立超越業種與世代的人脈

人脈要超越世代與業種才會變得有意義。

相同世代、相同業界的朋友，就算不特別經營也會變多，因此我們必須自己主動躍入不同的世界。

不同業界的人、不同興趣的人、比自己年長的人、年輕的人。如果能夠與這些人產生關係，就能更快速拓展視野。

如同先前提過的，我想要特別勸年輕人去接觸比自己年長的人、位階比自己高的人，並且向他們學習。尤其是年齡遠大於自己、地位遠高於自己的人，如果年輕人積極出席能夠認識他們的場合、獲得他們的啟發，就能提升自己。

如果不趁著二十幾歲時意識到這點，等到年紀變大之後才開始建立人脈，效率就會降低。

很多人在年輕的時候覺得「跟年長的人扯上關係很麻煩」，但是在出了社會之後，就瞬間領悟到「沒有人脈就無法成功」。年輕人出了社會，認識世間的規矩之後，也開始了解資源的流向、金錢的流向、人心的動向。如果能夠了解人心的微妙，也會開始知道社會的運作方式。

很多人都是「這個也想做、那個也想做」，然而只有想法不斷地膨脹，無法湧現達成目標的具體方法，就像小學生不知道孩子是怎麼生出來的一樣。

不過，如果知道實現目標的具體步驟，就能明確分辨出自己必須進行的部分，以及需要他人協助，也就是必須透過人脈來達成的部分。最後，這將會影響夢想實現的速度。

我從以前就想推動串連不同世代的工作。因此在某天，當認識的俱樂部老闆自言自語似地問「有人願意接手這家店三個月嗎？」的時候，我在一眨眼的時間內決定頂下這家店，立刻回答他：「那就把店租給我吧！租金多少錢？」

就這樣，我不僅連保證金也不用付，而且還以租金只要市價一半的破格條件談妥這間店的租約，讓我得以在銀座六丁目的ＳＯＮＹ大道上，開設一間為期三個月的「世代交流沙龍」。

由於我平時就想像過這類沙龍的該有樣子，因此可以毅然決然地做決斷，而當下是否能夠像這樣立刻下決定是關鍵。

一般人即使遇到什麼好機會，也只會在「聽起來好像很不錯，要不要接受呢……」的猶豫中不了了之。然而就我的情況來說，從聽到老闆的話開始，一個禮拜之內就決定好所有的條件。而且我因為決定下得快而得到信任，也讓好機會降臨到我身上的機率提高。

附帶一提，我的沙龍收費因世代而異，對年輕人來說很便宜，但是隨著年齡增加收費也逐漸提高。以結果來說，就是年長的人請年輕的人，而且年輕世代在這裡還有機會接觸活躍在商業界第一線的前輩。

這個沙龍的年輕客人雖然很多，但是因為我有「教育」他們，所以來這裡喝酒的年長者也不會覺得不愉快。店裡可以容納超過三十名客人，店員卻只有一個。年輕人的酒錢雖然便宜，相對地我也請他們充當店員的角色。我會對年輕人說：「那位社長的啤酒杯空了喔，快點去幫他倒酒吧！順便跟他聊聊天。」

我認為世代之間必須有更多的交流，才能由下而上提升日本年輕人的潛能。年輕人如果只是等待，年長者也不會前來跟你接觸。我再強調一次，愈是年輕的人，愈需要積極地去接觸比自己年長、位階高的人，並且不斷地從他們身上學習。

建立人脈基本鐵則

把自己一半的時間用在別人身上

那麼，具體來說該如何建立人脈呢？接下來就為各位介紹我的基本觀念。

我常說：「把自己一半的時間用在別人身上。」如果你不幫助別人，在緊急的時候也不會有人來幫你。在自己與他人之間建立相互扶持的關係非常重要。

人類如果受到照顧，本能上一定想要回報。所以為了能夠「善於拜託別人」，首先必須「善於被別人拜託」。

如果你現在好像很少被別人拜託做什麼事情，這可能代表你這個人缺乏魅力，人脈也很貧乏。

如果想要當一個善於被別人拜託的人，必須要知道他人對自己有什麼期待。許多人期待你做的事情，就是你的強項。

經常有人說「我不知道自己的強項在哪裡」。但是「強項」不是自己找出來的，而是別人來告訴你的。

把「別人期待自己做的事情」做一個總整理，就能在這當中看見「自己擅長的事情」。當我們擁有這樣的想法時，就會開始理解自己的強項能夠在我們為別人做的事情當中浮現出來。不僅事業是如此，身邊的人際關係也是如此。

具體來說，該如何「把自己一半的時間用在別人身上呢？」譬如試著用星期六、日等休假時間來提供別人幫助。休假本來應該是自己的時間，即使只挪出一小時來幫助別人，也無疑地能夠獲得對方感謝。

當對方跟你說「難得的休假還特地來陪我，真的很謝謝你」的這一瞬間，彼此「心」的距離就會更加貼近。我之所以會幫助別人，一部分的原因也是為了聽到這句話。回應別人的期待、獲得別人的感謝，這就是一切的開端。

我經常在主管或客戶搬家時跑去當腳夫。如果有人拜託我影印文件，我也會面帶笑容立刻去做。我平常就會保持「無論什麼雜務都很樂意幫忙」的態度。在幫忙時，如果因為忙碌而擺臭臉，就不會有人拜託你更重要的「雜務」了。

讓人覺得「這個人絕對不會擺臭臉」、「拜託他很輕鬆」、「每次都麻煩他真不好意思」，是「善於被別人拜託」的第一步。

樂意成為「跑腿族」

成為「能夠配合對方的人」不是一件壞事。

因為如同先前提過的，「能夠配合對方的人」就是對方所需要的人。就算一開始只是被當成是方便使喚的存在也無所謂，因為久而久之你就會成為對方絕對離不開的人。

所以，一開始就算覺得「別人好像在利用自己」也沒關係。

即使是在幫派當中，每次都「跑腿」的那個傢伙如果突然消失了，老大也會很困擾；如果有一天老婆突然不洗衣服了，老公也會覺得很煩惱。換句話說，如果你被對方呼來喝去，就代表你在對方心目中是必要的存在。

我很樂意成為跑腿族。如果能夠幫尊敬的人跑腿，我甚至會覺得「光榮」。因為能夠幫對方跑腿，是受到對方信賴的證明。把人呼來喝去的一方，也一定多少會覺得「自己把這傢伙耍得團團轉」。相反地，就我的角度來看，跑腿就像是賣人情給別人。

如果只考慮到自尊心，就會覺得「被當成跑腿仔很討厭！」、「不要把人當白癡耍！」。但是如果真的尊敬對方，就不會產生這樣的想法，而是應該會覺得「我什麼都願意做」、「請一定要讓我幫忙」、「我想助你一臂之力」。

反過來說，你必須遇到能夠讓你如此打從心底尊敬的人。

不過，重要的是你不能因此變得卑躬屈膝。

你要重視的不是周圍的想法，而是自己是否覺得充實。只要你能夠感到充實，周圍的人怎麼想都無所謂。

全心全意支持尊敬的人，找出自己在他身邊的價值。尊敬的前輩好不容易才注意到我們，如果沒有辦法回報他的知遇之恩，不是很可惜嗎？

雖然有點偏離主題，不過職場上老闆與下屬的關係原本也應該是如此。員工即使抱怨「老闆賺那麼多，我們的薪水卻只有一點點」也沒有任何好處。當你覺得「公司壓榨員工」、「自己被公司利用」時，思考就會變得愈來愈負面。如果能夠反過來想成是「自己在利用公司」、「公司透過工作來讓自己成長」，你在公司中自然而然就會逐漸成為令人尊敬的存在。

到頭來，一切都是想法的問題。

首先我們要找到值得尊敬的導師，然後徹底地為他（她）所用。我所主張的人脈力養成就從這裡開始。

一開始或許只能做一些簡單的雜務。每個人都能做的、不是你也能做的簡單雜務。但是，簡單的雜務會逐漸變成「重要的雜務」，最後成為只有你能完成的工作。透過這種方式培養出來的相互之間信賴，將會影響你接下來的事業前途。

取悅他人不需要花錢

我經常聽到有人這麼說：「我既沒有特別的能力，也做不了什麼對別人有用的事情。就算叫我貢獻一己之力，我也不知道該怎麼做。」

這種時候會讓我想到「H・I・O」這三個英文字。H是人脈（Human）、I是資訊（Information）、O是機會（Opportunity）。只要能夠提供H・I・O，就能對別人有貢獻。

首先是人脈，也就是把某個人介紹給別人。你可以向對方引薦某位他可能想認識的人。很少人會因為別人向你介紹新朋友而感到不愉快。

接著是提供資訊、情報。譬如：「那個人最近跳槽了喔」、「那位社長最近似乎開始學高爾夫球了」、「那間公司正在尋找新的商業題材」……等等。像這些還沒出現在網路上的熱門情報，十分有價值。

最後是機會。譬如為對方準備大顯身手的舞台，或是提供對方能夠獲得特殊經驗的機會或契機等等。

這些都是難以用錢買到的事物，因此只要給人這三者之一，就能讓他感激涕零。

很多人都以為建立人脈需要花錢。他們一定會說：「想要抓住年長世代的心，必需得花錢吧？」其實，需要的大概只有交通費而已。比起是否花錢，是否能隨時保持靈敏更加重要。

還有，如同先前已經提過的，我們也必須利用自己的時間，來為對方兩肋插刀。

人脈不是撒錢就能得到的。如果只有金錢往來，沒有真止的信賴關係也建立不了人脈。把花錢買不到的情報所創造出的價值貢獻給別人，就能讓對方開心。

對我們普通人來說，經營人際關係的能力，是讓人生加速前進最重要的特質。有錢人不管遇到什麼事情都能花錢解決，沒有這種財力的我們，只能培養自己的人脈力。

社群網站無法建立人脈

推特（twitter）之類的社群網站現在是建立人脈時流行的工具。但是我認為，網路只能用來進行膚淺的寒暄。

如果只因為社群網站或推特的好友數增加，就安心地以為建立了人脈，是相當危險的心態。

我們無法透過網路建立深入的人際關係。網路上的好友簡單來說就僅僅只是點頭之交，就像附近鄰居一樣。就算跟名人牽上線，如果不是能夠馬上約見面的關係，也完全沒有意義。

我所說的人脈是，雙方能夠實際相約見面，而且見面能夠為事業帶來具體的幫助。

建立人際關係時，基本上除了要了解一個人的優缺點、長處與短處等基本性格外，還必須知道他在什麼時候會感到喜悅、憤怒或厭惡等造成他喜怒哀樂的因素。

這些如果沒有實際見面都不會知道。

我們無法從社群網站或推特上的文章看見表情，因此無從得知對方在寫這篇文章時，是笑著寫還是生氣的寫。譬如「笨蛋」這兩個字，也會因為使用方式不同而產生完全相反的意義。

我們就算看到微笑的表情符號，也無法得知對方真正的心情，但是如果實際聽到聲音，就能知道他「聽起來很開心」。

當然，我不打算完全否定社群網站或推特的功能。實際上也發生過這樣的案例：軟體銀行的孫正義社長回應東京都副知事豬瀨直樹的推特貼文，最後促成雙方的生意。但是在這個案例中，也只有最一開始是透過網路來打招呼而已，如果想讓提案具體進行，還是需要實際從事工作的人在現實生活中見面，透過雙方不斷地面對面討論來推動。

推特之類的社群網站，頂多只能創造一個契機而已。

觀察自己跟哪些人來往，就能看見自己的成長

人類追求的是現在的自己做不到的事情、見不到的人、到不了的地方或是買不起的東西。換句話說，理想中的自己與現實的自己之間的落差，讓人產生了欲望。如果什麼都不做，實現這些欲望的機會不可能自己找上門來，所以只能主動去爭取。

我也花了一段很長時間，才能與前面提到的HIS會長澤田先生若無其事地交談。在這之前，即使在宴會或交流會等場合見到他，也因為身分差距懸殊而不敢接近。所以我只能先磨練自己的個人魅力。

磨練個人魅力的第一步，是試著回頭檢視自己的人脈。包括自己身邊的人、一起工作的夥伴、能夠約見面的人。觀察這些人當中，有多少的人是你可以抬頭挺胸向別人介紹的，就能推測自己成長了多少。

如果能夠充滿自信地告訴別人：「我和這樣的人一起工作」、「我曾經和這樣

的人一起吃飯」或是「我和這樣的人交情很好」……等等，他們就是你的人脈。反之，就只是點頭之交而已。

接著，請你試著問自己：「對方會想見到什麼樣的人呢？」

他想見到擁有大筆金錢的人、經驗豐富的人、擁有特殊能力的人、具有獨特創造力的人、擅長收集情報的人，還是容貌出眾的美人……？

如果你只能介紹「也不過如此」的人，就代表自己的人脈網素質還很低。「什麼樣的人是我可以抬頭挺胸介紹的？」這就是我判斷自己成長多少的依據。

所以，我們深入往來的人，應該是能夠抬頭挺胸向別人介紹的人。

歌德有句這樣的名言：「說說看你和哪些人來往，我就能說出你是什麼樣的人。」意思是一個人的人際關係，能夠顯露出他的程度。

第一章

職場力

職場正是磨練人脈力的好機會

如果想成功，先磨練你的「職場力」

公司是你成長的舞台

我想，會拿起這本書的讀者，多半是年輕的上班族男女。所以在本章就試著以「公司」為舞台，來思考該如何培養「人脈力」。

不過，會選「職場力」當主題，也是因為當我在和年輕人聊天時，經常會聽到他們說「光是要解決眼前的工作就已經筋疲力盡了」、「一直被綁在公司裡，根本不可能建立什麼人脈」、「總是在加班，也沒時間參加交流會」等等。

我想對他們說：「先別急著下結論！」在公司工作，過著上班族的生活，不僅不會妨礙我們建立人脈，還會對建立人脈帶來很大的幫助。首先，我希望大家可以改變觀念、轉換看法。

我認為一個人就算把「總有一天要創業」當成目標，也必須先當個上班族。這是因為如果不曾親眼見到公司組織如何運作，就無法真正理解「事業」是怎麼一回事。據說日本的就業人口有七成以上是上班族（受薪階級），所以不了解上班族心理（員工心理）的人，也不會有經營公司的能力。

投入公司組織，成為組織中的一員。以這個身分工作，能夠看清許多東西。

樂天的會長（兼社長）三木谷浩史、創投公司CyberAgent的社長藤田晉，也都曾當過上班族。他們在年輕的時候就獲得成功，因此大家可能會以為他們是一畢業就成功創業，實際上並非如此。他們都曾過著屈居人下的生活，每天努力毫不懈怠，才有今日的成就（三木谷浩史出身於日本興業銀行，也就是現在的瑞穗實業銀行。藤田晉則出身於人材派遣公司Intelligence）。

身為上班族，確實必須面對許多不合理的事情。譬如時間的管理權完全不在自己手上。上班時間、下班時間、外出吃飯的時間都有規定，與顧客的見面時間也受到控制。此外還必須服從主管的命令，就算晉升到中階管理職，也會成為主管與下屬之間的夾心餅乾。

但是如果把上班族生活，或是公司這個組織當成是幫助自己成長的大型舞台或機會來思考呢？

有人說，現在的年輕人即使進了公司工作，三年內也有三成會辭職，因為他們很難適應公司的環境，也無法融入。

這是因為許多學生都懷有「出社會的生活應該是這樣」、「希望公司是這個樣子」之類先入為主的觀念。他們以為公司會有帥氣的主管與美麗的同事，還能獲得令人滿意的薪水。如果抱著這樣的想法來面對現實，就會感慨自己不受主管青睞、進了一間爛公司、人生選擇失敗等等。

其實不管進去哪間公司工作情況都差不了多少，但是他們沒有發現這點。他們因為視野狹窄，所以一直以為「只有我的主管是這樣」，或是「只有我們公司是這樣」。

如果討厭這些狀況，大概只能辭職自己創立公司、只雇用自己看得順眼的人。

然而，請你千萬不要忘記，這些創立公司並且獲得成功的人，年輕時都一定有過咬緊牙關學習社會常識的經驗。我也希望你能在上班族時代培養出堅韌的精神以及積極的思考方式。

關鍵在於「職場力」

培養人脈的第一個關鍵字是「職場力」。

或許你會這麼想「不，我的目標是當老闆」、「當一個上班族沒什麼意義吧」、「我才沒有時間做這種事呢」。但是，事情和你想的不一樣。

隨著年齡增長，每個人都會開始想要追求領導能力。舉例來說，即使自己成立公司，也需要雇用員工。不了解員工心情的老闆最令人討厭。我可以斷言，一個人如果無法實際感受到什麼樣的原因造成上班族的喜怒哀樂、粉領族的喜怒哀樂、中階主管的喜怒哀樂，就不應該站上公司頂點。

「能否站在對方的立場思考」關係到是否能夠抓住人心。換個說法就是能不能配合那個人的高度來看待事情。

抓住對方喜怒哀樂的點，是掌握人心的基本方法。在這層意義上，以上班族或粉領族的身分在公司這個組織中工作，就能學到大量關於「人性」的事情。

我甚至覺得不只老闆，就連醫生、律師、學校老師，都應該要有一陣子的上班經驗。當一個上班族，就是能夠獲得如此濃縮的經驗。

身為一個上班族重要，就是在身為員工的立場當中尋找樂趣，轉換成自己的優勢，讓自己成長。

待在舒適圈裡的人當然無法成長。尤其是二、三十歲的人，愈是能趁著這段時間去投入挑戰自己極限的嚴峻的環境中，到了四十多歲時就愈能綻放出盛開的花朵。

上班族的世界安排得非常好。二十多歲時在嚴峻的狀況中累積功力；三十多歲時狀況稍微緩和，同時也被賦予了權力；到了四十多歲時權力增加，責任也相對地加重。

手上的權力增加，代表工作變得更有趣。而年輕時的辛苦也是一種準備，能夠讓我們培養出掌握龐大權力時所必需的判斷力與領導能力。

貿然就創業很危險

我再重複一次，即使最終目標是創業，也應該先到公司上班，體驗上班族的生活，最後再選擇創業這個選項。只有在自己目前所處的立場、動用自己在公司中的地位、權限，也無法在現在或未來做自己想做的事情、實現自己理想的時候，才應該離開公司獨立創業。

上班族的風險非常小，不僅能夠利用公司這塊招牌來推動工作、也有固定的薪資保障，即使失敗，頂多也只是被主管發脾氣而已。

很多上班族都會抱怨薪水變少、獎金減少、待遇不好。但是，老闆或經營者卻背負著莫大的風險。如果公司虧損，他們就必須動用自己的報酬乃至於存款來填補，嚴重時甚至必須散盡家財。

所以即使是創業，當一個受雇的公司負責人，風險也比當公司擁有者小。我建議如果無論如何都想當老闆的話，最好先從「受雇負責人」開始做起。如果那間公司的擁有者值得尊敬，那就沒有什麼狀態比這樣更理想了。

換句話說，上班族不要突然離開公司自己當老闆，而是先從受雇董事、受雇負責人做起，當成一個緩衝，之後再完全獨立也不遲。從長遠的眼光來看，這說不定反而是更確實的捷徑。

有些人像活力門的堀江貴文一樣，在創投業界風靡一時。然而，像他們這樣突然創業就大獲成功的機率非常低。

絕大多數創新企業的社長，都曾經在某間公司擔任員工或是受雇負責人，與突然創業的人相比，他們獨立創業後成功的機率就很高。

如果我們試著比較三種創業者：沒有上過班就創業；當過上班族之後才創業；

在上班時留下一定的成果、並且在高層管理者中占有一席之地後創業，第三種人所建立的事業能夠存活得最久。

雖然在公司擔任要職時建立的人脈對事業也有幫助，然而比起人脈，如同滲入骨髓一般熟練的業務能力、管理能力、領導能力等經營公司的技能更是重要。

身為一個小職員，只能透過小職員的視線來看待工作，很難理解主管或高層管理者的想法。我認為，只有做到董事以上的職位，才能學習到經營公司必需的技巧以及思考事情的態度。即使是我回顧自己本身的經驗，也覺得在擔任董事以上的職位時才是真正的創業歷練。

考慮要自己獨立創業的人，可以把一般員工當成基礎篇，董事當成實踐篇。我覺得這是創業最理想的模式。

公司夥伴是建立人脈的第一步

工作不順利的人，多半傾向於自己一個人完成所有的交辦事項。這樣的人最後會因為工作不順利而自取滅亡。

我們既然身在公司當中，就應該最大限度地利用組織的力量。首先，最好能夠利用其他部門、其他分店、前輩後進、上司下屬等所有關係來取得資訊。在決定工作的方向性時，也應該參考他們掌握的經驗、人脈以及過去的資料或情報。

此外，也應該與前輩後進分工，以團隊合作的方式來推動工作。因為既然身在組織裡，就應該有效地利用整個組織。照理來說，只要身在組織當中，就不能單打獨鬥，應該把組織裡的所有人都當成盟友。

充分利用公司內的人際關係，是把工作做得又快又好的祕訣，因為所有員工都應該在提升公司業績的這個共同目標下工作。如果一個人連在擁有共同目標的公司中都無法活用人際關係，這代表他在建立人脈時，從第一步就踏錯了。

當我們在公司這個組織當中進行工作時，人脈力的基礎應該就能逐漸磨練成熟。

用「主管視角」、「老闆視角」工作

如果想讓工作順利進行，也必須了解公司高層的思考方式及動向。換句話說，就是要去探索公司領導者（老闆）的問題意識。

老闆擁有「老闆視角」。他必須透過寬廣的視野及長遠的眼光來看待這個世界，因此他不但必須監視所有的業務，也要先看穿整個業界的動向。而且隨時都必須思考：要如何做才能讓事業在競爭中勝出、永續經營下去。

另一方面，一般員工看待工作的視野狹窄，眼光短淺，這點和老闆完全不同。一般員工再怎麼努力，也只能想到自己的部門、今天該做的事，最多最多想到本周或下周的計畫就已經是極限了。

因此，在這個「狹窄短淺」的事物看待方式中，加入「寬廣長遠」的老闆視角非常重要。因為組織的結構、公司的方向性、事業內容的選擇等，全都強烈地反映出老闆的想法。

當然，突然要你擁有「老闆視角」也很困難。那就暫且先培養課長視角、經理視角等「主管視角」，再一點一點地提升高度也是可以的。

就算是一般員工，只要培養出主管視角、老闆視角，工作的內容也會大幅改變。以建築工人為例，先在腦海中描繪「想要蓋出這種房子」的完成圖像再施工建造，與只是依照命令釘釘子，工作的本質就不相同。如果只是聽從「總之就是在這裡釘釘子」的命令行動，或許工作途中就會開始鑽牛角尖，懷疑「自己到底是為了什麼在工作？」

換句話說，如何與同事分享工作完成後的願景非常重要。職棒選手也是因為有邁向優勝的長期願景才能努力練習，如果只是告訴他們「總之是投球、打球就對了」，打球就一點也不有趣。

如果能夠擁有老闆視角、主管視角，最後也會提高晉升的可能性。因為老闆或主管會重用如同自己分身一般、具備與自己類似的思考方式、創意、行動力的人。

一般人常說要「做比現在高一個職銜的工作」。如果不是平常就在留意職位比自己高一層的人所做的工作，即使突然接到升職的人事命令，也會措手不及。不管是好消息還是壞消息，都會突然降臨。

日本前首相中曾根康弘從成為總理大臣的好幾年前，就開始計畫自己成為總理時要做這些事情，並且鉅細靡遺地寫在筆記本上。我聽說他除了思考將來要端出哪些政策之外，連要讓哪個人擔任哪個部會的首長等詳細的人事安排，都已經事先決定好了。所以他一旦成為總理，就能立刻下達一個又一個的指令。換句話說，他已經整理過自己的想法。

我們不知道什麼時候會輪到自己出場，所以要隨時做好準備。大幅晉升可能會突然到來。為了能在被點名時能夠馬上採取行動，必須先整理好想法，隨時做好心理準備。

建立人脈先從公司內部開始

自告奮勇擔任宴會總召

前面的話題或許扯得有點遠，但是我想現在大家都能了解，在公司這個組織中工作，就能獲得磨練人脈力的基礎。如果想要建立公司外部的人脈，首先必須鞏固公司內部的人際關係。

公司內的人、同事都在同一條船上，朝著相同的目標前進。如果就連應該是夥伴的他們都不想跟你並肩作戰，你就不可能得到客戶的支持。

建立人脈，首先不妨就從在公司內拉攏自己的贊同者開始。

在我還是新進銀行員的時候，曾經積極地擔任宴會總召，這正是一個如同我在序章中提到的打雜工作。舉凡公司有尾牙、迎新、送舊，我都會第一個舉手，自告奮勇地擔任總召。

舉辦公司宴會的附加價值是可以思考有趣的企畫。我為了能讓同事玩得盡興，會先把所有該做的事情，包括事前通知、座位安排、致詞順序、獎品、續攤場所、隔天道謝的準備等等全都列下來。

尤其是座位的安排要審慎考慮，譬如：男女穿插著坐、不要讓管理階層都聚在一起、宴會中途交換座位等等。

擔任宴會的總召有許多好處。舉例來說，可以展現出自己意外的一面，進行自我宣傳，有利於讓同事對自己的人格特質留下印象。如果能讓同事覺得「原來他有這樣獨特的一面啊」、「比較容易跟他搭話了呢」，那就賺到了。

此外還有其他優點，譬如宴會總召能夠名正言順地指揮主管。員工平常只能一直聽從主管的命令，如果成為總召，主管從座位的位置到舉杯致詞的時機都必須聽從你的指示，甚至還能婉轉地命令他們「請稍微安靜一點」（這會讓我忍不住產生快感）。

我想就一般的日本企業來說，新人最悠閒，所以多半會被指定擔任宴會總召。這種機會，如果只是用在預約餐廳就太浪費了。

公司請你打雜、要你做麻煩的工作是給你機會，因為這是在測試你。這種時候你是表現出一臉厭惡，還是回答「請務必讓我試試」，將會改變公司對你的評價。

當然，我在擔任聚餐的總召時，也曾經有過一次失敗的經驗。我不小心點到一個打死都不舉杯致詞的人，強迫他致詞。

「請你務必向大家說幾句話。」

「我從來不做這種事。」

「雖然你之前從來沒有做過，但是今天請你務必要說幾句話。」

「你很煩耶！」

結果那次，他在乾杯之前向我大發雷霆……不過，比起「失敗」的感覺，反而是「下次交涉時，手腕要更靈活」的心情更加強烈。

我覺得失敗與否，端看自己怎麼去定義。我對失敗的定義十分狹窄，只有明顯讓人生從此一蹶不振的事情才叫失敗，如果不久之後能夠重振精神，我就不覺得那是失敗。當然，也有可能某些事情在我的定義中是「下次可以活用的經驗（這不是失敗）」，但是從其他人的角度來看，就已經是明顯的失敗了。

總而言之，就算做了某件看似多少有點失敗的事情，也最好能夠保持「感謝上天賜給我一個寶貴經驗」的心情。所以即使失敗了也不要太過度憂心，應該不斷地去挑戰。就算消沉、憂鬱、煩惱，狀況也不會改變，因此只要能夠在下次、或是下下次活用這樣的經驗，失敗就能轉變為成功的基石。

不要再一個人吃飯了

人在吃飯的時候會敞開心胸，吃飯時理所當然地會張開嘴巴，與此同時也會打開心房。

自己的欲望得到滿足時，不管是誰都會在這個過程中感受到至福的一刻。這麼一想，就會發現吃飯的時間是建立、加深人際關係最好的機會。

對我來說吃飯時間並不是用來填飽肚子的，我吃飯的目的是為了跟人說話、了解別人、說服別人，大概是這樣的感覺。

我幾乎每天、無論午餐或晚餐都外食，就連周末也一樣。午餐通常是用來接待客人、與下屬或學生交流等的時間，晚餐則是跟我想要有交集的人聚餐、或是交換資訊的場合。

舉例來說，我會在午餐時對員工或學生拋出一些問題，盡可能地傾聽他們最直接的想法。我也四十多歲了，但是在與年輕人的對話中，真的會產生許多意想不到的發現。

晚餐則讓我有機會去了解忙碌的經營前輩們的動向。因為晚餐可以喝酒，正好適合套出他們的心聲。於是，我會把吃飯當成理由，用「我發現一間好吃的日本料理店」、「有一間美味的義大利餐廳」當開場白，來約想見的人出來。

我再強調一次，用餐是建立人際關係的基礎。

所以，老是一個人吃飯是不行的。最近日本的年輕男性上班族被稱為「便當男子」，他們會帶著親手做的便當到公司，自己一個人吃飯。

但是，每天自己一個人一邊吃飯，一邊煩惱「該怎麼做才能建立人脈呢？」、「我真沒人緣」等等，本身就是一種矛盾的行為。

自己帶便當或許的確能夠省錢。但是這和增加財富卻是背道而馳，想要增加財富首先應該把錢投資在建立人脈上，這麼一來收入一定會增加。年輕人最好能夠趁早理解這個成功的模式。人生苦短，時間不是用來讓我們節省便當費的。

「人」原本就應該存在於人世之間，所以一定要增加與其他人的交集。有些年輕人好像還會在廁所的隔間裡吃便當，他們這麼做，就失去了生而為人的意義。

如果想要建立人脈，首先就應該從「不再一個人吃飯」開始。

如何抓住「前輩、後進」的心

進入公司，開始了上班族的生活之後，最早的「人脈」就是你的前輩或主管。你可能會碰到討厭的前輩，也有可能遇到和善的主管。

前面已經提過，人脈術的基礎就是先獲得年長者的疼愛。那麼，該怎麼做才能抓住前輩或主管的心呢？

與前輩來往時有三個重點。第一，無論如何都笑臉迎人地說：「是，我知道了。」第二，直率地向他們請教。第三，裝作沒有看見前輩的缺點。

首先就第一點及第二點進行說明。如果你沒有回答「是，我知道了」，反而明顯地表現出「為什麼？」、「我現在很忙」、「是叫我去做嗎？」等情緒，前輩或主管必然不能接受。首先，主管或前輩比你累積了更多經驗，所以他們做出正確判斷的機率一定比你高。這種時候坦率地接受指示是為了自己好，這是大原則。

此外，確實也有很多年輕人寧可自己解決問題，也不肯去請教前輩或主管，因此造成時間無謂的浪費，結果到了緊要關頭才來「求救」。這樣的人不可能抓得住前輩或主管的心。每個主管其實都希望你能在事情變得真正棘手之前找他們商量。

接著是第三個重點。許多年輕員工對於前輩的缺點都沒有辦法視而不見。覺得「那個人的那個地方我不喜歡」。

但是，不管是誰都會有一、兩個缺點，如果因為是主管就一味地批評就太不合理了。因為「老闆也好、主管也好，他們都不是神」。如果不贊同老闆或主管的意見，無法對他們的意見妥協時，請你想起這句話。

前輩或主管也是人，而一切都很完美的人並不存在於這個世界上。只要這麼想，我就能用客觀的角度來看待他們。我在本書的開頭也提過，要「找到自己的導師」，即使這位導師有令人無法尊敬的地方也沒關係。只要不去模仿這個部分就可以了。不僅如此，還要好好地去尊敬他讓你打從心底感動，覺得「這點很厲害」的部分。

如果有空去挑他人的毛病，還不如把時間拿來找出前輩身上值得學習的地方。

除此之外，在與後進來往時也必須要注意。

我即使是在面對後進時，也會像面對前輩一樣，小心維持禮貌的態度。甚至更加注意自己的禮貌。隨時檢視自己是否有濫用權力的情形，或者是否都在炫耀自己等等。

舉例來說，如果我希望後進幫我拿文件過來，也不會用命令的口吻對他說：「把文件拿過來」，而是會用稍微禮貌一點的語氣說：「可以請你幫我拿文件過來嗎？」我也曾在吃飯的時候幫後進倒酒，點餐的時候也會像和年長者吃飯時一樣，由我來點餐。僅僅只是這些小地方，也會大幅改變後進對你的印象。

不少人喜歡擺出前輩的姿態，不分青紅皂白地下命令，或者只是滔滔不絕地說自己想說的事情，如果在這些人當中，只有你是用規規矩矩的態度在與後進接觸，他們對你的評價就會提高。一個在面對後進時也彬彬有禮的前輩，能夠獲得真正的尊敬。

所以我覺得最重要的是，與後進相處的時候，行為舉止要表現得像是面對前輩時一樣；相反地，面對前輩的時候，雖然理所當然地需要注意用字遣詞與禮貌，但是也可以故意使用一些帶有親近意味的語言。有些時候，必須要懂得善用前輩疼愛我們的心理。

把「報、聯、商」當成武器

對一般上班族來說，主管是一種麻煩的存在。我在擔任銀行員時，也曾經覺得主管很煩人。

但是到了現在，我開始反省自己當時並沒有了解主管的意義。

主管就如同下屬的擋箭牌，如果下屬犯錯，就是主管的責任。換句話說，在公司裡面爬得愈高，風險就變得愈大。就算鬧出醜聞的是基層員工，出面道歉的也是老闆。

對下屬來說，主管就是風險的擋箭牌。或許主管平時看起來很礙眼，然而一旦發生緊急事件時就會很有用。這麼一想心裡就會覺得：「我的失誤全部都會成為主管的責任」、「如果太給主管添麻煩很不好意思，所以再努力一下吧！」心情會變得比較輕鬆，也就會對主管比較寬容。

與主管打交道的基礎就是所謂的「報、聯、商」，也就是「報告、聯絡、商量」。

無法徹底執行這個原則的人意外的多，然而這卻是與主管打交道時最大的避險原則。

如果向主管報告自己的失敗，可能會被當場斥責，然而自己的風險也會在這個時點減少。因為報告之後倘若事態惡化，就會成為主管的責任。

此外，如果能事先讓主管掌握案件狀況，在發生問題時，就能對他說「可是我當時就已經向您報告過了。」這句話很重，對主管來說，是聽起來最難受的一句話。

主管也會想要辯稱「我沒聽說」、「這是下屬的擅自行動」，因此要事先做好準備，讓他們沒辦法說出這樣的話。

如果發生問題時因為沒有向主管報告而讓問題變得更嚴重，那麼，沒有報告的下屬就必須自己承擔所有的責任。但是如果事先向主管報告這件事，那麼當場被發一頓脾氣就沒事了。

我們為了讓主管無法推卸責任，必須保存好報告的日期與時間。或是在寫電子郵件時用「我也CC給您了」、「我已收到您的回信」布下天羅地網，主管也無所遁形。

我這樣寫好像是在教大家如何給主管找麻煩，這點暫且不論，首先，沒有主管會因為下屬鉅細靡遺的報告而生氣。所以請務必積極地將資訊分享給主管。

「報、聯、商」的優點是每次都能確認工作的方向性。確認工作是否偏離方向、進行的方式是否正確，是非常重要的一點。因為如果不這麼做，大家就會依照各自的想像來做事，使得工作結果大幅偏離主軸。

除此之外，「報、聯、商」還有一個更大的優點，那就是能夠名正言順地與主管聯手進行工作。如果與主管合作，就能視情況找主管，甚至是更高層的人員商量，這可是件不得了的事情。

我們能夠透過這樣正面思考，來讓工作變得更愉快。跑業務時如果請經理或課長陪同出席，他們一般不會拒絕，因為他們也很怕你在失敗之後說：「如果當初經理也一起來，說不定就能拿下這個案子。」

我經常會看準工作能力看似很強的主管，用「客戶請我找能夠信賴的主管一起來」、「請您務必幫忙」當理由，請他陪我一起跑業務。若能像這樣與主管合作，不僅能夠分散風險，也能提高工作的成交率。

「報、聯、商」屬於基礎溝通能力，等到哪一天你建立起自己的人脈、開始自己的事業時，一定能夠帶來有效的幫助。無法做到「報、聯、商」的人不會獲得晉升的機會，因為他們不擅長分散風險，即使創業，以失敗告終的機率也很高。所以絕對不要怕麻煩，因為這將大幅影響你的工作表現。

推敲主管的本意

這也是我在擔任銀行員時發生的事情。交出工作的報告時，我會故意先交出不甚完美的報告。

這是因為就算使出渾身解數做出完美的報告，第一次也通常會被退回來。主管是一種無論如何都會想要發表一點意見的生物。站在主管的立場想，如果讓下屬提出的文件快速且原封不動地通過，就會被認為是自己沒有檢查。

所以，如果我們第一次故意接受主管的批評，下次再提出完全融入主管意見，並且加入一點自己想法的新版報告，就能順利通過了。

我在某位分行經理與上司的對話中發現，工作時事先保留一點讓主管反應意見的餘地，是一種有效率的做法。

這位分行經理收到優秀下屬製作的文件時，因為不需要修改，他就直接交給上司。結果他就被上司教訓：「你身為中階主管有存在的價值嗎？」、「你真的有仔細看過嗎？」、「你只是蓋章而已吧？」

如果中階主管沒有對下屬的工作發表意見，他就必須面對本身存在價值遭到質疑的問題。大人的工作不像學校考試那樣，只要能夠拿到高分就好。區別正確與錯誤的基準也很曖昧。所以，推敲主管的心情之後再導出答案，多半能夠獲得較好的結果。

這也可以運用在跑業務上。

舉例來說，某個客戶不管我們帶去的資料多麼詳細，他們都會反應「這邊看不懂」、「缺少那部分」等等。這時，如果花點時間稍做修改，下次再帶修改過的內容去，他們就會說：「這樣不是好懂多了嗎？」工作就是不斷地重複這樣的事情。

因為報告書或提案書的完美與否，是由對方來決定的。

對自己來說最好的工作成果，在對方眼中不一定是最好的。對方眼中最完美的工作，是完全掌握了他的想法並且將之反應出來的工作。

這是社會運作的大原則，然而許多年輕人並不了解（過去的我也不了解）。所以如果主管批評自己提出的「最佳成果」，心裡就會不高興。然而事情並非如此，有時候必須故意接受主管或客戶的批評。

被罵的反應

每個人都會被罵。

被罵時最好的反應就是不要頂嘴，也不能找藉口。

對方在罵人時，多少會覺得「我是不是也有不對的地方？」罵人的一方幾乎不可能覺得自己完全正確。生氣對反省的心情不會是十比零，頂多大約是八比二左右吧！

但是，生氣的一方有強烈的立場問題，所以不得不生氣。這麼一想，即使被發脾氣也不會再胡亂反抗了。因為你已經知道：「那個人站在必須生氣的立場，所以才會生氣。」

換句話說，被罵時反省雖然很重要，但是同時也必須好好地扮演「被罵的立場」。對主管來說，斥責下屬這件事本身也是一種工作。如果不斥責下屬，就會變成他的主管對他發脾氣：「你為什麼不罵一罵你的下屬？」

我在擔任銀行員時，也曾經遇過會對人破口大罵的主管。我總是覺得很困惑：「這個人為什麼只因為一點小事就要大聲怒罵呢？」不過，他其實是在向分店經理展現：「我在罵下屬喔！」證據就是：當分店經理不在的時候，這位主管就不會大聲罵人了。

首先，不會有人在真正兩人獨處的時候大聲怒罵。主管和我們一樣都是人，而且也沒有氣到那種程度。但是在別人面前時，他們就會想要展現自己正在教訓下屬，也想讓人聽到教訓的內容，所以才會放大音量。

這種時候，只要給主管面子，乖乖地向他道歉就好了。

這麼一來，主管保住了面子，心情也會變好。過了一段時間之後，他就會開始自我反省：「剛剛說得太過分了，真對不起。」

如果不懂事地反駁，則會讓主管一直懷恨在心。

就算主管說出口的話完全沒有道理，只要不去反駁他，一口咬定「您說得沒錯」、「這完全都是我的疏忽」，反而會讓主管覺得「不，其實也不完全是你的責任……」。

此外，被罵也代表還有挽回的機會。如果能向主管展現修改後的成果：「我如此修改了您指責的部分」，就能一口氣提高自己在主管心目中的評價。比起不用教就自己把事情做好的下屬，主管更喜歡在能自己指導之下成長的下屬。

如此一來，就能透過「被罵」這件事，讓主管成為你的支持者。這就是我在擔任銀行員時學到的教訓。

要小心與交易對象之間的親密來往

話說回來，有人問過我：「跳過公司與交易對象來往，不管感情變得再好都無所謂嗎？」這點幾乎都是由該公司主管的判斷來決定。

我在擔任銀行員時，主管強烈反對我們跟交易對象有私交，即使只是送幾百元的伴手禮給客戶，也會被懷疑：「送禮是因為收了賄賂嗎？」

即使客戶邀我吃飯，主管也會對我說：「分行經理和我會去，你不需要出席。」他覺得與客戶之間的往來是整個銀行的往來，所以我與客戶之間不能有私人交情，也就是完全不能有工作之外的交集。

然而，如果想要了解客戶的需求，必須要與客戶建立良好的關係。儘管如此，銀行還是告訴我們「只要多講一些商品的話題就好了」。

銀行之類的金融機構，多半特別不喜歡員工與交易對象在私底下熟起來。換句話說，就是「員工不要與客戶有私交」。他們的想法是：「員工不需要建立個人的人脈，也不需要有業務往來以外的人際關係。」

站在銀行的角度看，這或許會成為員工與客戶勾結的第一步。他們認為這樣會使組織難以管理。的確，銀行是處理金錢的組織，所以我可以理解如果員工與客戶建立了深厚的人際關係會造成麻煩。而銀行也害怕員工會彼此洩漏薪水與獎金的金額，所以甚至還會防備員工之間感情變好。這也是銀行之所以會頻繁調職的原因之一。

但是，我的判斷卻是：「果真如此嗎？」

如果沒有與交易對象建立一定程度的人際關係，彼此就不會掏心掏肺地來談。如果行員與客戶只能在銀行窗口對話，就很難談論複雜的遺產繼承關係，或是公司買賣的話題。

收受賄賂當然是不行的，但是一般來說，如果只是客戶請吃午餐或晚餐的程度，只要事先向公司報告，就應該准許才對。

當然，對於這種事情的反應也會依公司或主管而異。有些主管如果不確認每一項細節就無法安心，但是也有些主管大方地把狀況交由下屬來判斷。

主管的判斷取決於對下屬的信賴程度，他們會去思考這個下屬會自己確實前來報告嗎？這個下屬可以帶去見客戶嗎？下屬的行動能為公司帶來利益嗎？

所以，我們一定不可忽略對主管的報告。並且讓主管認可你與交易對象的往來。這點不克服是不行的。

如同先前提到的，讓主管參與你的工作能夠降低風險。不斷地把主管捲進自己的工作當中，是順利推動工作的祕訣。如果只懂得與主管對立，不會有任何好處。

掌握有決定權的人

無論什麼樣的組織，其實握有最後決定權的人都只有一個。因此，只要掌握這位關鍵人物，所有事情都能順利進行。如果不知道對方的位階與權限，就算向他提案也沒有用，花時間去和沒有決定權的人交涉只是白費力氣。

大部分的會議都不是用來討論的場合，而是「某個人說一句話讓事情拍板定案的場合」，或者「只是用來確認已決定的事實的場合」。

然而，並非只有領導者才能做決定。做決定的人是誰，因案子、掌握權限的人而異。我們可以觀察在這件案子當中，哪個人的發言最被重視，這個人就是案子的關鍵人物。

我在外賣便當店工作時發生過這樣的事情。當時有間公司一次會叫一、兩百個便當，因此我曾經去調查這間公司負責挑選便當店、決定便當種類與個數的人是誰。

調查結果發現，這間公司負責挑選便當店的人既不是經理也不是課長，而是最早進公司的年輕女性員工，這位女性員工會根據自己的喜好來擅自決定便當店。而她挑選的基準是「優惠」，她會選擇優惠最多的店。

她的主管把訂便當的工作完全丟給她，請她「在預算內找一間吃起來不會太差的便當店」，結果這位女性就有了支配大筆資金的權利。

我知道這件事之後，每次送便當時都會給那位女性一點優惠。說是優惠其實也花不了多少錢，只不過是免費多送幾個便當，或是為女性員工的便當附上甜點而已，但是那位女性非常開心，他們公司也因此成為我們便當店的一大收入來源。這或許可說是效率非常好的「招待」。

招待地位愈高的人需要愈多的費用，但如果是招待年輕人，說得誇張一點，就連請他吃連鎖店的漢堡他也會對你感激涕零。

前述的例子或許極端了點，總而言之，如果想要有效率地推動事業，首先必須洞察權限的所在。如果想要從人際關係中獲得大幅的回報，就要試著從分辨出關鍵人物、取悅關鍵人物開始。

不能事事依賴公司

公司是人的集合體，無論公司再大，終究仍是人類組成的群體。

所以，就算想要依賴公司也是白費力氣。上司或下屬都是「人」，他們可以依賴，但是公司只是人組成的群體，因此本身不能依賴。最後能夠成為我們依靠的，還是只有「人」而已。

公司其實是虛幻的，所以不要在公司裡豎立敵人。因為只有在你覺得對方是敵人的時候，他才會與你為敵。上班不是打仗，所以我不會使用「敵人」這個分類。

如果現在樹立了敵人，數年、數十年後還是會再碰到他，而且在關鍵時刻，他可能會成為你的阻礙。這麼一想，就會發現豎立敵人吃力不討好。

創業之後，敵人可能會在背後說你壞話，讓這些壞話傳遍四周，妨礙你的事業。所以就算發生糾紛，也必須徹底地保持冷靜。

因為被主管斥責、被客戶發脾氣而記恨也不是好現象。

被斥責、被罵的時候，重要的是必須分辨對方發火的程度。我們要去想對方為什麼會生氣？是因為自己不乖乖道歉？還是因為工作本身而發怒？難不成只是因為心情不好？

對方願意好好罵我們，證明他是認真地在面對我們，表示他用「想盡辦法教會年輕人、告訴年輕人」的認真態度在與我們碰撞。

升職也可說是把我們與主管在思考方式、經驗值、能力值等各方面的差距填補起來的過程。主管既有知識，也有經驗。你可能會覺得不甘心，但是主管說的話幾乎都是正確的。所以不要主管說一句就回一句，最好坦率聽從他們的教誨，用順從的態度面對他們。

自我成長是了解自己以前不了解的事情、做到自己從前做不到的事情。只要這麼想，心情也會變輕鬆吧！

很少有年長的人願意紆尊降貴，站在你的高度來看事情。所以年輕的人要主動去請教他們，這個動作絕對不可少。

我們必須讓主管或前輩覺得「這傢伙有教導的價值、有鍛鍊的價值」。當你在公司外建立人脈時，如果能夠運用在公司透過與主管或前輩的交情所培養的力量，一定會對你有幫助。

第二章

邂逅力

創造第二次見面的技巧

提高「邂逅力」的實戰術

走出自己的日常生活圈

如果只是想要有交情好的朋友，不需要技巧。只要和樂融融的一起喝酒、聊聊有趣的話題就行了。

但是，本書所說的人脈是事業往來上的人際關係、信賴關係。換句話說，就是你與某個人在互相幫助中，一起工作、一起賺取金錢時所建立的關係性。如果不是如此，我就不會稱之為人脈。

所以建立人脈的首要工作就是磨練「人際關係力」，簡單來說就是掌握人心的能力。換言之，就是讓你成為對方想要支持的人。能不能成為這樣的人，重點就在於對方覺不覺得你是個「可愛的傢伙」。

如同我在序章提過的，首先必須找到能夠由衷感到尊敬的人、能夠打從心底覺得厲害的人。

經常有年輕人問我：「我沒有機會認識新朋友。該怎麼辦才好呢？」在男女關係上，也經常會聽到「沒有機會認識新朋友」的問題吧！

但是，這些一邊說著「沒有機會認識新朋友」，一邊尋找邂逅機會的人，多半容易從自己平常熟悉的地方找起。譬如整理名片，或者打開手機聯絡人名單，試著從裡面找到可能成為人脈的對象。

然而，真正有機會成為你的人脈的人，經常會出現在稍微遠離自己生活環境的非日常空間當中。所以重點在於必須刻意讓自己處在非日常的情境。

雖然說是非日常的情境，也不是要你去做什麼異想天開的活動。只要做平常不會做的事、去平常不會去的地方等等就可以了。如果能夠刻意且持續的去做這些事，人脈就能飛躍性地擴大。

第一章提到，上班族首先要提高「職場力」作為磨練人脈力的基礎。接下來，我會把這點再解釋得更具體一點。

舉例來說，你可以試著在公司內到處走動。也就是一邊在公司裡走來走去，一邊仔細觀察。

在我以前工作的銀行，幾乎所有的員工都不會與自己部門以外的人交流。所以他們也幾乎都不知道其他部門的工作內容，每個部門都成為一個非常封閉的空間。

但是我希望自己在每個部門都能有朋友，所以就算沒有什麼要事，我也會找藉口到其他部門露個臉。如果其他樓層有可愛的女孩子，我也會從自己的工作當中找出勉強與她相關的案子，用「想請教妳這個部分」當成理由接近她。這麼做對方都會願意教我，因為「既然是工作那就沒辦法拒絕」。

除此之外，我也會找出一些其實無關緊要的工作，當成去其他部門玩耍的藉口。透過這些方式，我逐漸理解了公司內部的運作。

一個組織裡原本就不應該有沒用的部門。所以如果了解其他部門的工作內容，一定能對自己的工作帶來幫助。

舉例來說，當我們發現原來公司裡有某個特殊的部門時，可以思考「如果這個部門能與自己的業務合作，或許會為客戶帶來新提案」，因而湧現出新的想法。

此外，就長期的觀點來看，了解其他部門的工作，也能成為透過經營者的角度（老闆視角）來看待事物的基礎。

於是你在公司中認識的人增加了、與你站在一起的人也增加了。他們的存在，必定能在你的工作上發揮有益的作用。

常接觸新的價值觀

非日常情境不會只出現在公司當中。

譬如電車通勤族偶爾也可以試著搭公車。應該有很多人如果不是因為通勤，幾乎不會搭公車吧！

當然，我們不能只是呆呆地坐在車上，而是從提問的觀點來思考一些瑣碎的細節，譬如：「公車上為什麼會有許多高齡乘客？」、「公車與電車的廣告為什麼會不同？」並且也要把注意力轉移到車窗外，這麼一來，就能發現新的事物。

於是你會開始發現：「公車與電車不同，沒有上上下下的樓梯，所以會有許多年長者」、「公車上似乎有許多與地域關係密切的廣告」、「這樣的話，應該可以考慮這種生意」……

非日常情境中到處布滿著新事業的線索。從這些情境中誕生的想法，在與客戶的交談中也非常有幫助。

這是生活習慣的累積。瑣碎的疑問不斷地發展，能夠幫助我們理解這整個世界，這對於將來建立人脈也會有很大的幫助。換句話說這是在創造題材。

我們也應該在平常的生活中創造更多的高低起伏。舉例來說，雖然付不起到高級餐廳吃晚餐的花費，還是可以試著每月吃一次五千日圓的高級餐廳午餐。一開始只要吃午餐就夠了，這種程度的自我投資誰都付得起吧！這麼做能夠讓你知道哪些人會來高級餐廳用餐、他們有什麼樣的目的、都談論些什麼樣的話題。我甚至還會去想「為什麼這裡的午餐要設定成這個價格？」、「這間店的老闆是什麼樣的人？」等等。

在高級餐廳裡，可以遇到不會出現在員工餐廳或簡餐店的人。這個經驗讓我們在未來看人時，能有新的觀點。

我喜歡飯店的早餐，最推薦的是帝國飯店頂樓的自助式早餐。在那裡吃早餐不僅可以轉換心情，而且看到一早就在談生意的人，也能提振自己的士氣，產生「我也不能輸給他們」的想法。附帶一提，帝國飯店的早餐時段總是客滿，幾乎讓人感嘆「原來有這麼多人會來這裡啊」。

此外，休假時旅行也注意最好不要去「以前去過很好玩的地方」，而是要去「以前沒有去過的地方」。

興趣也很重要。「沒經歷過所以想試試看」的人，與「沒經歷過所以不敢試」的人之間有著天壤之別。增加新的興趣，就能讓自己的世界更寬廣。

我既打高爾夫球也打網球，除此之外還下圍棋。你可能會覺得圍棋很無聊，但圍棋是政治家與實業家之間最正統的休閒活動之一，所以學會了也沒有損失。紅酒與盆栽如果深入鑽研，也是相當深奧的世界。

總而言之，就是要隨時挑戰新事物，不要讓自己陷入一成不變。有一種人常常會被別人問：「你最近在做什麼？」我們必須讓自己成為這樣的人。

經常接觸新的價值觀，開拓自己的世界，是提高「邂逅力」的第一步。

在酒吧磨練「邂逅力」的方法

不管有什麼樣的邂逅，如果你與對方之間沒有溝通，在對方眼中你就只是一個路人而已，不過是風景的一部分。話雖如此，很多人還是沒有搭訕的勇氣。

這麼說可能會讓各位讀者驚訝，不過我曾經刻意訓練自己和不擅長應付的人吃飯。

我會去找沒有共通話題的人、在一起會覺得累的人吃兩小時的飯。這麼做非常能夠鍛鍊心志。

由於提出吃飯邀約的人是我，因此對方完全想不到我會覺得他很難應付，吃飯時能夠一直很開心地高談闊論。而我也為了讓兩人的用餐時間變愉快，努力找出對方的優點。因為對方原本是我覺得難以應付的人，所以就算只發現他的一點點優點，我也會開始覺得「他說不定意外地是個不錯的人呢」。

我提出這個例子，想要表達的是「建立人際關係首先從練習開始」。

譬如我以前常在酒吧進行「讓不認識的人請我喝一杯」的訓練。這是我在二十幾快三十歲時的事情。那時我只要晚上有空，就會自己一個人臨時起意跑到銀座的高級酒吧或飯店的酒吧，專門找坐在吧檯角落，獨自一個人喝酒的客人搭訕。如果雙方聊得熱絡，讓對方幫我付了酒錢，就算我贏了。

我之所以開始這個練習，是因為當時我正煩惱著「該怎麼做才能練出膽量呢？」、「該怎麼做才能在初次見面時抓住對方的心呢？」換句話說，我當初也沒有勇氣跟人搭訕。

鎖定目標的重點有幾個。第一，不要去跟只喝啤酒的人搭話；看起來沒耐心、猛灌酒的人也不行。目標要鎖定在散發出閒適氣氛，微傾杯身，獨自悠閒飲酒的人。因為優閒飲酒的人才有充裕的時間與自在的心情。如果不是這樣的人只會覺得跟你聊天很麻煩，很難聊得久。

搭訕的第一個步驟是，拜託店員把我帶到與搭訕目標之間隔著一個空位的位子。這時，我也會表明自己「想要坐在這個位子」的意願。如果突然坐到搭訕目標旁邊，對方當然會對你產生防備心。但是人類是不可思議的動物，無論隔著一個椅子的座位上坐著的是誰，都只會稍微注意一下，不會太過防備。

當店員問我要喝什麼的時候，我會反問：「喝什麼好呢……旁邊那位先生喝的是什麼呢？」如果店員告訴我飲料的名稱，我就會說：「聽起來很好喝呢！那麼，可以請你給我一樣的東西嗎？」飲料送來之後我會先向旁邊的人點頭致意，小聲地說聲「我開動了」，再開始喝。

這麼一來，旁邊的人也不會感到不舒服，只會覺得「我喝的東西，看起來似乎挺好喝的」。

接著我會故意用旁邊的人剛好可以聽見的音量，小小聲地問酒保：「旁邊那位先生看起來氣質非常好，他是自己一個人來嗎？是這裡的常客嗎？」等等。

我會像這樣把酒保當成媒介。這是非常有效的方法。如果透過酒保搭訕，對方就不會對我起戒心，我們之間的距離也能一下子縮小。建立三方對話的空間，不可思議地容易。

接下來，我們兩人加上酒保大約會聊一個小時左右。當對方站起來的時候勝負就揭曉了。

如果對方說：「今天很高興認識你，和你聊天很開心，今天這攤就算我的吧！」就算我「贏」了。我的成功率大約三成，以棒球打擊率來看的話馬馬虎虎，不過就酒吧勝率來看應該還不錯吧？

總而言之，我當時就一邊當銀行員，一邊大約以兩周一次的頻率做這樣的練習。

附帶一提，在搭訕女性的時候也能使用這個把酒保當媒介的方法。想要搭訕女性時，也可以對酒保咬耳朵「坐在那個角落的女性是我喜歡的類型。她喝的是什麼呢？」、「可以請你幫我問她願不願意跟我喝一杯嗎？」、「可以請你把這盤甜點端給她，說是我請的嗎？」

這麼一來，酒保就會幫我傳話：「那位先生要我幫他轉達『您的氣質非常好』」等等。而對方也會給我回覆。

當然，這時也要給酒保小費當成傳話費。酒保也有愛看熱鬧的天性，撮合別人的愛情會讓他們感到興奮。就我至今為止的經驗來看，大約有五成左右的女性願意讓我請客，並且因此熟識起來。

很多人聽到我說這個故事之後，反應都是「這怎麼可能」、「我做不到」，其實就算失敗了也沒有風險。因為這個練習的感覺就像玩遊戲，即使「輸了」，也不會受到太大的打擊，需要的只有勇氣而已。反之，愈是去練習就愈能掌握到訣竅。

而且久了以後，也能開始知道自己為什麼會被拒絕。舉例來說，不能在一開始就拿出名片。因為對方會覺得「你是想推銷什麼嗎？」而產生戒心。所以進行這樣的練習，也能逐漸了解人類的心理法則。

如何自然地接近對方、自然地與對方熟起來，是這個練習最大的重點。

初學者先試著與店員打好關係

不過，或許也不是每個人都像我一樣需要到酒吧磨練。那麼，試試看下列的方法如何呢？

在餐廳之類的地方與店員聊天，也能學習會話能力。如果對象是店員，就算對話進行的不順利，自己也不會失去任何東西，所以沒有任何風險。出外用餐時，如果只是吃完飯就回家，那就太可惜了。

一般客人頂多只會與店員討論菜色，但如果是我的話，就會針對每道菜詳細地探究其口味與價格等。在某些情況下，我也會試著去點菜單上所沒有的特殊菜色。

因為這麼做，比較能讓對方留下深刻的印象。

有的時候我也會試著去問店員的年齡或興趣等稍微私人一點的問題。這麼一來，就在對方不注意的情況下增加「對話的量」。

在餐飲店工作的人，多半原本就活潑外向，因此如果有人跟他們說話，他們大多很樂意回答。

如果聊得來，我甚至還會把我的書或是演講的傳單給他們。也有好幾個人後來真的拿著傳單來聽我演講。

除此之外，如果送他們一些不會造成困擾的伴手禮，也能成為廚房中的話題。店員如果收到客人的伴手禮，也會覺得自己得到客人的信任，並因此感到自豪。後來他或許會特別優待我，或是比較容易跟我熟起來。

我想，初學者在一開始的時候到家庭餐廳練習也不錯。因為家庭餐廳店內寬廣，客人就算與店員聊個幾句也不會太顯眼。

如果你能夠與在家庭餐廳打工的店員熟練地聊一些與點餐無關的事情，就證明你的會話能力提高了。

譬如，你可以問店員：「我想寫個東西，可以借我紙跟筆嗎？」當店員借你之後，就誠心地跟他說聲「非常感謝你」。這樣對方也會覺得「借得有價值」接著你就可以問他「你在這間店工作多久了？」，或是對他說「你的笑容很棒呢！」等等，讓對話發展下去。

與店員打好關係最有效的一點，就是一開始先讓他覺得你有什麼地方和一般的客人不一樣。

舉例來說，我曾經在某間居酒屋（中午時間也有營業）吃了遲來的午餐之後，拜託他們：「只要一個小時就好，可以讓我在榻榻米上小睡一下嗎？」而我當時也真的有這麼累。站在對方的角度看，我是一位非常怪異的客人，不過他們也沒有拒絕我，就讓我在那邊睡午覺。

店家雖然會覺得「這個客人真怪」，不過同時也會想：「如果賣個人情給這麼有趣的客人，他說不定還會再度光臨。」

店家雖然都以標準程序接待新客人，但如果遇到奇怪的客人，他們也會感興趣。所以他們出乎意料的並不會覺得這樣的客人是故意在找麻煩。

換句話說，只要先麻煩店家幫助我們就可以了。

有些便利商店會借洗手間給客人，他們或許會在門口寫著「我們也歡迎只借洗手間的客人」。如果店員給人的感覺很好，就算附近有兩、三家便利商店，你下次還是會想來這家吧！這也是同樣的道理。

這樣的行為，把單純顧客與店員的「邂逅」，提升到「人際關係」的層次。如果從這樣的程度入門，或許今天就可以開始嘗試看看了吧？

高爾夫球是商場上的共通語言

我在讀大學的時候曾經加入高爾夫球社團，目的是為了建立與年長者之間的人脈。拜高爾夫球之賜，我不僅認識了指導教授，後來還成為教授的司機，甚至連找工作的時候教授也幫了我很多忙。此外，我在成為上班族之後，也能透過高爾夫球認識很多前輩。

某次我到輕井澤參加高爾夫球賽，知名長崎蛋糕店文明堂總本店的社長中川安英先生，就是其他組的參賽者。雖然我們初次見面，不過還是有機會站著聊幾句，所以我就不斷強調自己有多麼喜歡長崎蛋糕。結果幾天之後，他就送了我四盒裝在木盒子裡的高級長崎蛋糕。事業成功的人行動也很有效率呢！

姑且不論這點，總之高爾夫球是商場上的共通語言。你甚至會因為只是不打高爾夫球，就失去進入傑出人士社交圈的機會。當然，高爾夫球對於抓住年長者的心來說也很重要。

打高爾夫球主要有四項好處。

第一是有益健康。打高爾夫球需要長距離的步行，在森林中步行對健康非常好。我會盡量走路移動，不搭高爾夫球車，打一場球下來大約會走七公里，相當於一萬步。

第二是能夠轉換心情。幾乎所有的上班族平常都只能走在水泥地上，因此到高爾夫球場一邊沉浸在負離子當中，一邊與植物接觸，對於放鬆身心來說效果非常好。

第三是能夠交到朋友。打高爾夫球時，不僅從早到晚都在一起，用餐與洗澡也都一起進行，因此會交到真正能夠「袒裎相見」的朋友。除了打高爾夫球之外，很難有這樣的機會。

第四是能夠提高會話能力。打高爾夫球時需要與不同年齡、不同職業，而且是初次對面的成員在一起，所以不管願不願意，都能磨練會話能力。

所以我們應該打高爾夫球。

我聽說打高爾夫球的年輕人逐漸減少。的確，要準備一整套的高爾夫球用具需要花不少錢，把球具載到球場也需要開車，而沒有車的年輕人也愈來愈多了。但是，高爾夫球屬於那種就算去借球具也應該從事的運動。

老實說，我們本來就不用變得很會打高爾夫球，就算打不好也無所謂。從建立人脈的觀點來思考，我們去打高爾夫球並不只是因為自己的興趣。

我約年輕人打高爾夫球時，有些人會回答我：「我現在還打得不好，等我把球技練得更好之後再去。」這時我會半開玩笑地對他說：「如果你練好我就不會找你啦！」

你必須要知道，年長的人約你打高爾夫球，就是因為你打不好。

我們在與年長的人建立人際關係時，自己甚至需要「被看扁」。這是「獲得邀約」的祕訣。

不管是誰，都希望自己能比對方更厲害，因此都喜歡「能讓自己產生優越感的人」、「在一起會覺得舒服的人」、「很想教他些什麼的人」，如果能夠成為這樣的人，就容易獲得邀請。

打高爾夫球時，如果同組當中有一位打得比自己差的人，就會變得很輕鬆。就我的情況來說，初次見面時一開始多半會被看扁，但是我覺得這樣剛好。所以，只要看開就行了。

大家都不想被當笨蛋、不想被看扁、想要展現出好的一面，然而被當笨蛋、被看扁也有許多好處，譬如能讓對方擁有好心情。如果我們能讓對方心情變好，對方也會對我們敞開心胸。

我們應該用自己原本的狀態去打球，不打腫臉充胖子，也不要裝模作樣。如果對方認可這樣的我們，就算賺到了，而如果被看扁也無所謂。我會如此正面思考：了不起的人，多少都會遭受「自己被看扁」的打擊。

總而言之，對於想要策略性拓展人脈的人來說，不打高爾夫球是不行的。去KTV唱歌時也一樣。如果和女朋友兩個人一起去唱歌，唱得好聽應該比較有利，但是如果想要建立人脈，就不需要很會唱。如果唱太好，反而會讓對方退卻。年長的人也會覺得不擅長唱歌的年輕人比較可愛、比較能夠讓人安心。

換句話說，「不想丟臉」、「不想被當笨蛋」的主詞都是「我」，所以會不清楚自己所處的狀況。我們必須隨時意識到「建立人脈」才是核心議題，這麼一想，思考的主詞就會自動換成「對方」。

初次見面就能吸引對方的祕訣

具體告訴對方「自己能做的事」

吸引初次見面的人其實意外地簡單。

只要跟他聊具體的話題就可以了，譬如：「我能幫你做這樣的事」、「我在做這樣的事情，你要不要來看看」。

以我的情況為例，我會向對方提出邀請，譬如：「我在銀座開了一間小餐館，隨時歡迎你來玩」、「我舉辦了這樣的活動，有興趣的話請你一定要來參加」、「我認識這樣的人，可以幫你介紹」。

我至今為止做過許多工作，一半是為了滿足自己的好奇心，而另外一半則是為了收集聊天時的話題。

換句話說，我做這麼多事情，是為了讓別人覺得和我在一起很有趣，感覺世界會變得更開闊、和我在一起似乎能夠認識很棒的人，或是和我在一起說不定能夠在媒體上曝光等等。

所以只要和對方聊到「跟我在一起，會有這些好處喔」，就能吸引初次見面的人。

勝負的關鍵就在剛見面的時候，因此平常就要好好地收集話題，這點非常重要。當然，沒有人天生就有豐富的話題，話題都是自己主動去收集來的。如果希望讓對方對你有具體的印象，覺得「如果和這個人往來，營收似乎會增加」、「他說不定會幫我介紹新客戶」，就要事先做好準備。

機會並非常常有

我現在受夏普之邀，擔任他們的經營顧問，這也純粹是拜人脈力所賜。

這是兩年以前的事了。當時，夏普的退休員工前來聽我在大阪的演講，他看到我某本著作的書腰上寫著「ＨＩＳ澤田會長大力推薦！」，就問我：「你跟澤田先生相當熟識嗎？」

我回答他：「澤田先生非常照顧我。如果有澤田先生感興趣的生意，我也能約到他喔！」他們想要邀請澤田先生加入長崎豪斯登堡改革的大型專案。所以我約了澤田先生，並且與夏普聯絡。

到了見面當天，夏普的社長、幹部、經理等六人來訪，他們和我一起前往澤田先生的事務所，經過了一個半小時左右的交涉，談成了以億為單位的工作。

夏普方面非常驚訝，他們說：「我們還是第一次以這種方式談生意。接下來也想繼續以這樣的方式進行，可以請你擔任我們的顧問嗎？」

這就是人脈的力量。

我並沒有什麼特殊的能力。在這件事情上，我唯一擁有的能力就是「能夠約到澤田先生」。

我以前主持過廣播節目，而這也只是因為一起工作的人剛好曾經是廣播節目的主持人而已。

他一聽到我說「我好想主持看看廣播節目喔」，就問我「這樣的話要不要我幫你介紹呢？」結果事情急轉直下。當時剛好有空的時段，所以完全外行的我，就能夠在六個月當中，每周主持一個小時的現場直播廣播節目。

說老實話，我完全不覺得自己是靠能力爭取到這些機會的。廣播的事情也是如此，也有很多機會就像「天上掉下來的大餅」一樣順利。

然而，這裡面有一項重點。那就是如果有機會，我就會很快地抓住。我平常就有在做準備，以便在機會來臨時可以立刻回答：「是的，我要做，請讓我做！」

大部分的人，即使遇到好的機會，也不懂得馬上把握，他們會猶豫著要不要答應。最可惜的是，雖然遇到好機會，卻因為回覆速度太慢，而讓這個機會白白溜走了。

我在二十四歲時，銀座的歡場老手曾經這麼告訴我：「機會這種東西不會時常遇到。所以要先做好心理準備，不管機會什麼時候降臨都能抓住。當機會來臨時，就要當場立刻把握住。」

我平常就會先想好哪些機會來臨時要答應、哪些機會來臨時要拒絕，並且先在腦內想像：「要是有這樣的機會就太好了」，所以能夠很快地做出決定。

如果沒有整理好自己的想法，就不可能實現夢想。如果夢想不夠明確，就會忽略眼前的機會。我們必須先整理好自己的想法，才能有效活用寶貴的「邂逅」。

透露自己的個人資訊

最近無法和其他人對話的人似乎愈來愈多了。

但是，如果想要引起對方的興趣、想要了解彼此的想法，至少必須告訴對方自己是什麼樣的人。要是話題沒有辦法持續，對方就會離席。

所以必須事先準備好至少讓對方在五分鐘內不會感到無聊的話題。

現在市面上出現了許多關於會話術的書籍。然而這些書籍頂多只有教大家如何用閒聊讓場面不至於冷下來而已。

建立人脈時必需藉由雙方交換個人資訊來進行溝通，譬如：告訴對方自己是什麼樣的人，自己做的事情哪些部分與對方的興趣有關。然而社會上所提倡的會話術，全都不是這樣的溝通法。

這類防止談話冷場的技巧，不管如何磨練，對於建立人脈都沒有幫助。所謂的「建立人際關係」，指的是判斷彼此能向對方公開多少個人資訊，也就是判斷自己能向對方坦白到什麼程度。如果話題沒有辦法帶到這個部分，就不可能建立深厚的關係。

反過來說，如果想要與對方建立能夠掏心掏肺的關係，只能自己率先透露個人資訊。

所以，如果我們想要建立人脈，就不應該進行抽象的對話，而是要準備關於自己這個人的具體話題。

單方面滔滔不絕地談論自己感興趣的事情，或自己成功的事蹟是大忌。別人沒有問就自己說個不停確實很惹人厭。回答對方問的問題，是對話的基本原則。

另一個禁忌是不懂裝懂。他們以為自己的博學多聞會吸引別人，這誤會可大了。此外，明明不懂還要裝懂、明明不知道還要裝作知道，反而會讓人覺得「這個人不可信任」，而被烙上最糟糕的印記。

打斷別人說話也不行。有些人在對話途中會立刻進入否定模式，頻頻打斷別人：「話雖然這麼說，不過……」、「不，也不是這樣的」。首先要接受別人的說法，告訴對方「你說得沒錯」，這點非常重要。如果不這麼做，就無法建立有來有往的對話。暫且不論律師或法官這種把判斷是非黑白當成工作的人，一般人的日常對話或是商場上的交涉，都不只是為了做出明確的結論，而是要「磨合」雙方的想法。

態度強硬、把「你有沒有搞清楚狀況」掛在嘴邊的人也會惹人厭。別人會覺得：「我又不是你的下屬，也沒有領你的薪水，你憑什麼這樣跟我說話。」更不用說態度高高在上的人，或是覺得別人太嫩而對別人視而不見的人。

突然使用專有名詞的人也不討喜。這樣的人或許想要炫耀自己的知識，然而會話的本質應該要展現「如何用清楚易懂的語言把想法傳達給對方」的技巧。

總而言之，前面提到的這些都是惹人厭的性格，我們只要把避免做出這些行為當成目標就好了。

大部分的人如果被問到「你想要成為什麼樣的人？」都會回答「我也不是很清楚」，但是如果被問到「你討厭什麼樣的人？」馬上就能答出來。這麼一來，只要行為與自己討厭的人完全相反，就能成為別人喜歡的人。

讓人輕易掌握你的特性

前面已經提過，明確地讓別人知道自己是什麼樣的人非常重要。然而回過頭來看，你有沒有成為周圍的人眼中「看不透的人」呢？大家通常不會把「看不透的人」介紹給別人認識。如果你想建立人脈，就必須成為「讓別人想要介紹給別人認識的人」。

自己可能在哪個領域帶給別人貢獻呢？如果想要別人為你引薦，就必須讓對方發現「和你見面會有這些好處」。

話雖如此，你也不需要擁有什麼特別厲害的技巧或能力。

你可以當一個「不管什麼時候接到電話都會馬上出門的人」，也可以當一個「不會拒絕突然邀約的人」，或者「總是笑臉迎人的人」。在對方心裡留下印象的方法，出乎意料的簡單。

總而言之，為自己設定一個能夠讓對方留下印象的特色非常重要。

有些人不太喜歡談論自己，他們會覺得一個大男人不應該喋喋不休。然而，這樣很划不來。而且既然這樣，還來感嘆別人「都不對自己敞開心房」也很矛盾。因為「看不透的人」無法吸引別人靠近。

清楚表現出喜怒哀樂也很重要。不知道在想什麼的人擁有神祕的魅力——這句話是騙人的。人們會想來往的對象，都是「充滿人味的人」，這樣的人會在高興的時候笑、難過的時候悲傷，並且由衷為別人擔心。

尤其是在稱讚對方時或是感到驚訝時，附加的表情或反應要很明確。舉例來說，如果在你稱讚對方時，對方謙虛地回答「也沒有那麼厲害啦！」你就最好能夠氣勢十足地反駁他「沒這回事，你很厲害！」

為自己想一個稱號或許也是不錯的方法。我們可以試著想出一個能夠介紹給別人的俏皮稱號。

譬如我會說自己是「不說ＮＯ的男人」、「抓住年輕人的男人」、「精力充沛的男人」等等。

自我介紹的時候也可以運用這些稱號。如果想讓對方對你留下印象、立刻記住你這個人，與其滔滔不絕地介紹自己在公司中的頭銜或經歷，還不如用稱號介紹自己。

收集自我介紹的話題

我們為了在自我介紹時加深對方對自己的印象，事先收集好「容易吸引對方的話題」也很重要。

不過，還是要想辦法避免讓自我介紹變得太長。我們應該事先練習在三十秒或一分鐘之內完成自我介紹。

如果是我，會在自我介紹時告訴對方這些資訊：「我在銀座經營小小的料理店」、「興趣是下圍棋、到租書店看漫畫、打高爾夫球、打網球及散步」、「從事的運動是肌力訓練」。這麼一來，對方可能會被這當中的某些部分吸引，接下來只要豐富那些部分的話題就好了。

此外，也要事先簡單整理出幾句自己喜歡的名言佳句。譬如，我會把「人生要贏在行動上」、「邂逅能夠讓人生加速」、「人活著就是要有用」等句子融入對話當中。

只要反覆進行幾次這樣的自我介紹，就會知道哪些話題可以吸引對方，進而在心裡建立一個模式。所以，我希望大家可以訓練自己用簡短的句子，俏皮地表達別人會感興趣的話題、自己過去的經驗、自己擁有的興趣。

但是，很多人都沒有這麼做。

練習的第一步是有意識地精簡句子。如果把自己的經歷說的又臭又長，譬如：「我曾經擔任銀行員，後來成為俱樂部的老闆，然後也到便當店工作……」對方會聽得很煩。所以，自我介紹要從對方可能感興趣的話題開始。

如果我們告訴對方「最近開始新的聚會，請一定要來參加」、「當我發現新的酒吧時，就會自己一直跑去」，就能勾起對方的興趣。要是對方問你「是什麼樣的聚會呢？」、「為什麼要這麼做呢？」機會就來了。

很多人找不到可以用在自我介紹的有趣話題，但這只是自己沒有發現而已，有趣的話題應該俯拾即是。

一個人如果活了二十幾年，至少會有一、兩個能夠勾起別人興趣的小故事或經驗。所以首先可以重新檢視自己的經歷，只要把自己學生時代的經驗、奇怪的特技或興趣、一直以來從事的事情等，重新包裝成有趣的話題就可以了。

如果這麼做還是找不到有趣的話題，可以試著問問親近的人：「我說的話當中，有什麼有趣的地方嗎？」、「有什麼跟我有關的有趣故事嗎？」大家出乎意料地都會仔細告訴你。請對自己過去的生活經驗有信心。因為無論是誰，在自己的人生當中都是主角。

讓對方認識自己日常生活的一面

話說回來，在自我介紹的內容當中，應該盡量減少與工作有關的話題。因為很容易讓對方誤以為「你或許在向他推銷東西」。

自我介紹是為了讓對方對自己留下印象，因此必須與具體的生意洽談做區隔。

如果你把業務話題加入自己本身的介紹當中，就會讓對方抱持無謂的警覺心，認為你是不是想向他推銷什麼東西。

此外，自我介紹也不是公司的介紹。很多上班族在自我介紹時，兩者間的界線會變得很模糊。在自我介紹當中，首先必須確實地讓對方理解「你」這個角色。換句話說，第一步要讓對方認識「你」，而不是認識你的公司。

這個原則在談生意的場合也適用。

我曾經當過影印機的業務員。那時，我會在簡單的自我介紹後，先告訴對方自己的優勢，譬如曾經有過什麼樣的成果、能介紹什麼樣的人給該公司、和我來往能有哪些好處。

然後再重新問他們：「貴公司現在有遇到什麼問題嗎？」、「貴公司的需求是什麼？」

大部分的業務員會劈頭就問客戶：「要不要考慮這項商品呢？」表現出一副「好！我要開始賣東西」的樣子。這種態度已經展現出想把東西賣出的想法，因此會讓客戶心生警戒。

話說回來，我在跑業務時，應對方式會因為對方是不是老闆而有很大的不同。老闆可能會對我的個人特質感興趣，但是在第一線工作的人，就只會對我負責的商品感興趣。由於我很重視人脈，所以會盡可能地直接找老闆談生意。

直接找老闆談生意時，我只會簡短地說明商品，剩下大部分的時間都在聊過去失敗的經驗。像是：「我學過一陣子空手道，可是因為太辛苦，後來就沒學了」、「我報考了十二間大學，可是全部落榜了」、「我（雖然是社長）曾經在嚴重失戀的時候蹺班過」。

我利用這些話題勾起老闆對我的興趣，之後才開始提到交易的內容。

大部分的業務員會花很多時間推銷公司的商品，首先應該減少這個部分。具體來說，如果拜訪客戶的時間有六十分鐘，就要把談論自己與公司商品的時間，控制在最一開始的十五分鐘。剩下的四十五分鐘，則拿來請對方談論他自己、他的公司與他的工作。

換句話說，我們要把焦點擺在了解對方上面。如果能夠做到這點，就能讓提案變得準確而且有力道。

我們必須了解到，業務員的工作不單純只是販賣商品，還要引導出對方的需求、獲得對方的共鳴與贊同、幫助對方實現他想要完成的目標。

如何接近看似難以親近的人

不要說客套話，也不要拍馬屁

我即使在有頭有臉的人或名人的面前，也不太會畏畏縮縮的。

我反而會用幾乎對等的態度與他們說話，就算他們覺得我臉皮很厚也沒關係。愈是有名的人，愈會覺得像我這樣的態度很新鮮。因為這些人已經習慣別人總是拍他們馬屁、稱讚他們「太厲害了！」

以我自己為例，如果在宴會上遇到不認識的名人，我就會直接說「不認識」。我認為明明不認識還要裝作認識反而更失禮，也最容易失去信任。因此他們經常會出現類似「你竟然不認識我！」的反應。藝人、文化人、公司老闆這類經常被拍馬屁的人，似乎會因為這樣而大受打擊。

所以他們會開始對我宣揚自己的事蹟，譬如曾經做過的事情、以前有多麼厲害等等。這麼一來，我就能得到各式各樣第一手的資訊。

當然，如果我已經知道接下來要跟誰見面，就會事先調查好關於那個人的資訊，因為這是最低限度的禮貌。如果他有出書，我就會先讀一讀他的書，而且一定要讀後記、目次以及作者介紹。

尤其後記。作者接下來想做的事通常會寫在後記裡，因此只要能夠掌握後記的內容，就能一定程度了解對方。

除此之外，我還有個罕見的習慣，那就是絕對不說客套話。

如果有女性在場，大家通常都會奉承她、稱讚她「妳真漂亮」，我卻是在之後會被說「內田先生你都不稱讚人耶」，因為我有一個強烈的原則，那就是如果沒有打從心底這麼想，我就不會說出口。

人們意外的喜歡在彼此了解之後才獲得的稱讚，這比剛認識就得到稱讚更開心。而且比起稱讚對方的外表，我會先思考「如何去稱讚他的內在」。因為人們其實更喜歡聽到別人稱讚自己的內在勝於外表。

為了達到這個目的，對話時必須進入對方的心理層面。即使初次見面的人年紀比我大，我也敢盡量地表達我心裡對他的看法，像是「你講話的速度很快耶」、「你吃飯很快呢」之類的。

當然我會注意講的方式。但是我會故意去觸及平常只跟熟人談論的話題。雖然這頂多只是對話的題材，但其實會讓對方感到很新鮮，覺得我是個「奇特的人」。尤其如果點出他本人平常就似乎很在意的地方，更會讓對方留下深刻的印象。所以甚至常有人對我說：「第一次有剛認識的人這麼跟我說。」

的確，我或許「太多嘴」了。然而我覺得如果想要帶給對方深刻的印象，多嘴也是必需的。

反正我們不可能讓每個人都留下好印象。如果想讓大家都喜歡你，只會埋沒自己的特色而已。舉例來說，不管歐巴馬總統多麼受歡迎，支持率也不是百分之百。

我認為，支持率只要百分之三十左右就夠了。只要十個人裡面有三個人喜歡你就好了。必須做好這樣的覺悟，才能帶給對方深刻的印象。

我也曾經因為說了失禮的話而被討厭，也踩過對方的地雷。不過我一踩下去，就發現「這裡好像埋著地雷」了。

地雷最好趁著年輕的時候踩。如果因為害怕地雷而不斷地避開，就無法在需要的時候打動人心。這樣的話，你就只能成為一個「保守的人」或「存在感很低的人」了。

加入私人話題

即使面對看似有點難以親近的人也不要害怕，懷著勇氣進入對方的心裡非常重要。

這時不需要立刻跟這位想要認識的人談論工作上的話題。而是要聊一些極為親密且私人的事情、邀請對方吃飯或打高爾夫球，或是思考自己在對方覺得困擾的事情上，有沒有幫得上忙的地方。

這樣反而能夠探出對方的私事。

尤其是在面對年長者的時候，商量戀愛煩惱的效果也很好。年紀愈大，愈容易累積戀愛資歷。而年紀大的人，多半擁有豐富的戀愛經驗。因此戀愛是非常適合用來炒熱氣氛的話題。

不管是什麼樣的人，多少都有一些關於轟轟烈烈的戀愛事蹟。只不過他們雖然想聊這些事情，也不太有聊的機會。

如果能夠在聚餐飲酒之類的場合中，用巧妙的問題引導他們說出這些事蹟，多半能夠炒熱氣氛。

但是絕對不要碰觸現在正在進行中的戀愛，因為拿不知道結果的事情做為話題相當危險，把話題設定在「過去的事」是一大重點。此外，推測對方的想法，判斷要談到多深入對方才願意把他的戀愛故事告訴我們也很重要。

除此之外還有一個要訣，那就是一邊把自己的私事透露給對方，一邊提出問題。譬如我們可以這樣問：「我現在雖然單身，但是很想在不久之後結婚。社長夫人的氣質非常好呢！您們是怎麼認識的？是什麼讓您決定娶她的呢？」出乎意料地，對方都會因為覺得有趣而告訴我們。

鼓勵對方談論私事，對於拉近彼此之間的距離非常有效。而且我們也因為敢去問一般人覺得不應該問的問題，而讓對方留下印象。

說到底，鼓起勇氣去說一些「別人說不出口的話」非常重要。如果能夠順利戳中對方感興趣的點，就能有非常好的效果。我除了異性關係之外，還會故意去問對方健康問題、老後問題、家庭問題等沒人會拿來炫耀的話題。

所以，我有時候也會聽到類似「我兒子最近很叛逆，讓我不知道該怎麼辦」之類，難以開口向人傾訴的煩惱。還有不少人對我說：「我介紹我兒子給你認識，希望你們可以變成好朋友。」我也經常透過這些商量煩惱的話題，來與對方變得更親密。

當然，在工作時間不能談論這些話題。如果不懂得看時機說話，只會讓別人覺得反感而已。

把有美女為伴的人當成目標

一般人在參加交流會或宴會時，給別人的印象經常都僅止於「許多人當中的一個」。

如果是我，在宴會上發現一群看起來好像聊得很開心的人，就會積極地加入他們的對話。我的開場白是「我一個人來的，可以讓我加入嗎？」這麼問幾乎不會有人拒絕我。

交流會或宴會是接近老闆，或是立場與老闆相近的人最有效率的場合。

老闆的工作是把人組織起來，因此接近他們可以建立「一網打盡」的人脈。更極端的說，只要與老闆一個人建立起良好的關係，就能一口氣取得整間公司的資訊與人脈。想要達到這個目標，重點就在於懂得辨別這些大人物的方法。

事實上，辨別大人物的捷徑就是把「有美女為伴的人」當成目標。能夠確實留住美女的人，就極有可能是大人物。

知名的老闆、藝人、有錢人大致上都會和美女一起行動。他們經常能與女明星、女模特兒、女主播建立良好的關係。而這些女性，也期待能夠打入名人的社交圈。

由此可知，美女身旁的男性是大人物的機率非常高。

成為主辦人，活動的目的就要明確

很多人都想成為宴會或交流會得主辦人。然而，這些人必須仔細想一想，這場活動是為誰而辦、為何而辦。

活動的目的是為了提高知名度？為了賺錢？還是為了取悅參與者？

主辦人必須思考這些問題，才能策畫出一個讓每個人賓至如歸的活動。

即使主辦了一場宴會，自己也不一定要成為主角。我們也可以採用「借虎之威」的方式，讓某位大人物掛名，自己則退居執行委員會。

某年，唐吉軻德的安田隆夫會長即將迎接六十大壽，All In One Solution 的上田義輝社長主動接下主辦人的責任，我則擔任助理，協助舉辦宴會。

這樣的宴會由於關係到安田先生的私生活，所以員工很難提出想法。因此就由我們「狐假虎威」來幫他安排。結果不僅安田先生非常高興、參加者很感謝我們，而我自己也藉由安田會長龐大的人際網路與許多人搭上線，因此相當開心。

除此之外，我有時也會借助女性的力量。

只要以「與美女一起用餐」為由提出邀請，就能吸引人們前來。在男性聚集的宴會上，好好地安排幾位女性非常重要。相反的，如果宴會出席者以女性為主，只要安排感覺不錯的男性就可以了。

「男性與女性會互相吸引」是一大原則。

我在出席宴會時，即使有女性陪同，也經常會思考對主辦人或其他參加者來說，帶什麼樣的女性一同前往比較好。這場宴會是正式的洽商？還是輕鬆的派對？我會視情況邀請不同女性參加。當然，我也必須讓這位女性覺得，她也在這場派對上度過了有意義的時間。

如果是正式的洽商，我會帶著祕書前往。

如果是交流會，我就會跟有一技之長的人一起去，譬如網球或高爾夫球打得非常好的人。因為跟這些人去不會缺乏話題，能夠炒熱氣氛。

如果是雞尾酒會等站著說話的時間可能較長的場合，我就會想帶身材好的美女一起去。如果是需要坐在位子上慢慢聊的情況，沒有內涵容易破功，所以除了考慮外表之外，也要挑選有內涵的女性；然而如果是雞尾酒會，只要長得漂亮就能吸引目光。托這位女性的福，大家都會聚集到我身邊問我：「和你在一起的女性是誰？介紹一下吧！」

某位我很尊敬的社長曾經告訴我：「觀察一個男人能夠帶什麼樣的女性出席宴會，就能看出他的本事。」的確，這位社長不管是在打高爾夫球的時候、還是談生意的時候，都會邀請適合這個場合的女性出席。這麼一來，他就能夠靠著這位女性緩和氣氛、促進對話、增加溝通的密度。我回憶他的行為，頓時對他感到佩服。原來如此，他這番話真有道理。

小心到處發名片的人

我們必須注意在交流會或宴會上到處發名片的人。這些人多半只是想要向不特定的多數人推銷些什麼。

只有不擇手段地想推銷自己的人才會到處交換名片。如果純粹只是想要認識新朋友，應該不需要到處發名片或自我推銷才對。

在別人致詞的時候交換名片也很違背常識。換句話說，這樣的人來到會場，只是為了發名片與收集名片而已。

此外，還有一些人不花點時間跟每個人說話，而是像蜻蜓點水一樣在會場穿梭。我看到這樣的人，總是搞不清楚他到底是來做什麼的。

在這樣的場合中，應該把注意力放在與感興趣的人好好聊一聊，具體談好日後相約見面的事宜。

交流會或宴會上的頭痛人物除了上述這兩種人之外，還有其他類型。

譬如有些人會霸占知名人士、著名人士的時間。明明還有很多人在等，他卻以背為牆擋住別人，散發出類似「總而言之這個人就是要跟我說話」的氣勢。如果我是主辦人，就會去跟他說：「聊到這邊就差不多了，也讓他跟後面的人講講話吧！」或是「後面還有人在等，下次有機會再讓你們聊。」但是這樣一句話有很多人說不出口。

此外，只想跟異性打好關係的人也很令人頭痛。這樣的人看在旁人眼中不僅不自然，應該也會讓某些人覺得不愉快。

初次見面就要求握手的人也很讓人困擾。這樣的人會被貼上輕浮的標籤，別人會覺得「他跟誰都可以握手」。如果是邋遢的人更令人頭痛，大家絕對不會想跟手黏黏的人握手。

除此之外還有講話會噴口水的人、不斷反覆問相同問題的人。可想而知，大家都不會想要跟這些人靠近。

有效地運用名片

人脈力無法用保有的名片數來判斷。如果只是交換名片，完全不會知道自己在對方心目中的地位、也不會知道對方覺得自己是什麼樣的存在。

交換名片這個動作本身沒有任何意義。重要的是，如何讓你與對方彼此都能深入了解對方的存在對自己來說有什麼價值。

不過，既然都要交換名片，試著在名片上下點工夫也不錯。就算是上班族，或許也可以嘗試製作自己獨一無二的名片。

舉例來說，如果在名片上印著自己喜歡的名言佳句或座右銘，就更容易讓別人對自己的想法產生共鳴。大家都想要找出自己與他人的共通點，想要與價值觀相近的人來往。如果把座右銘、格言、喜歡的名言佳句印在名片上，就能製造拓展話題的契機。

試著改變名片的尺寸也可以，小張的名片能讓人留下印象。不過，如果做得太大導致放不進名片盒，反而會造成對方困擾。

此外，有些人的名片上只印著名字。這樣的人如果不是真正有頭有臉的人，就是可疑的人，所以只好由我們主動詢問他：「請問您平常從事什麼樣的工作呢？」另一方面，名片上如果印著太多頭銜，反而會讓人瞧不起。

名片的背面也是資訊的寶庫。

名片背面多半會印著「雖然不是那麼重要，卻是自己的堅持」、「沒有重要到需要印在正面，卻想稍微強調一下的事情」、「關於個人活動的紀錄」等等。

看到這樣的名片，可以思考自己與對方的共通點。如果能夠從名片的正、反面取得資訊，當場提出適當的問題，對方也會因為覺得你很上道而感到開心。

名片是用來尋找與對方的共通點、向對方提出問題的工具，因此上面的資訊會清楚展現出希望對方注意、能夠深入詢問的部分，我們沒有理由不利用。

我們都希望在剪新髮型或穿新衣服的日子，會有人對我們說聲「讚」。對方在發名片的時候也是同樣的心理，所以我們就從這小小的名片中，找出對方希望我們注意的點吧！

帶著「七種道具」加深自己給對方的印象

我的包包裡隨時都有「七種道具」。雖然說是「七種道具」，其實也不只七種。我在需要時會馬上拿出這些道具，讓對方留下印象。

我的包包裡裝著下列物品：

- ＩＣ卡（Suica 或 PASMO（譯注：兩者都是日本的儲值卡，作用類似台北的悠遊卡。）……我會多帶一張，緊急的時候就可以在車站的驗票口拿出來借給別人。

・ETC卡……我雖然沒有車，但是卻有ETC卡。

・新鈔……如果帶著兌換用的五張千元鈔與一張五千元鈔，就會被稱讚很機靈。

・SOYJOY 營養棒……以大豆為原料的營養食品。在打高爾夫球或從事其他運動時，如果在對方肚子有點餓的時候拿出來，就會讓對方覺得很開心。

・FRISK 薄荷錠……這也能轉換心情，令人開心。

・打火機……我自己不抽菸，這是為了有人要抽菸的時候準備的。

・西裝去汙劑……愈是有頭有臉的人吃飯時愈會掉得到處都是，大概是因為這樣比較豪爽吧！此外，女性也會很開心。

・OK繃……需要的時候會讓人很感激。

・郵票……旅行的時候能夠馬上貼在明信片上。

・正在讀的書……可以用來創造話題。

・魔術的小道具……這也能在打發時間的時候提供話題。

- 我的活動的傳單……這是為了讓對方對自己留下印象的道具。
- 剪報……如果有認識的老闆出現在報紙或雜誌上，我就會把文章剪下來，下次見面的時候拿給他看，跟他說「我最近會隨身攜帶這篇文章」，這樣馬上就能取悅他。所以，我平常就會檢查「日本經濟新聞」名人事跡專欄「我的履歷表」。雖然很多人會說「我看到報導了」，然而幾乎不會有人實際把報導剪下來帶著走。
- 照片……照片是用來打開話題的工具，我們可以拿著照片跟對方說「您有來過我主辦的宴會」。尤其是初次見面的人，不可能在短時間內信任我們。如果我是大公司的董事委員，只要把名片發給對方就很夠了，如果不是，就必須展現自己的背景，也就是隨身攜帶能夠成為自己武器的東西。

第三章

交流力

加深人際關係，培養更多人脈

盡可能配合對方

首先要尊重對方

如同我先前一直反覆提到的，如果想要拓展人脈，首先必須讓自己成為「能夠配合對方的人」。

所謂「能夠配合對方的人」或許乍看之下似乎是自己吃虧，然而實際上卻相反。這樣的人在有需要的時候，反而能夠讓對方接受自己的要求。

舉例來說，一般顧客會在自己想要外出用餐的時候，直接走進自己想去的餐廳裡。即使是稍微機靈一點的人，也頂多只會事先打電話預約，告知餐廳自己想去的日期和時間。然而如果我想要成為某間餐廳的常客，去用餐之前我就會先打電話問餐廳：「下個星期一、二、三，哪一天對你們來說最方便呢？」

換句話說，我不會先告知餐廳自己方便的時間，而是會去問餐廳他們方便的時間。

這麼一來，餐廳也會告訴我：「這天突然有人取消預約，歡迎你在這天過來。」或是「其實我們下個星期很忙，如果你能等到再下個星期再過來，我們會很感激。」

簡單來說，就是我會事先確認餐廳有空的日期與時間，在他們最偏好的時間點前往。因為沒有其他客人會如此配合餐廳的狀況，所以餐廳也會開始把我當成自己人。

如果長期持續下去，我就能控制這家餐廳，讓它變成像是自己開的店。

這在商場上也一樣。

我們在跟對方約時間的時候，與其問他「你明天有空嗎？」還不如問他：「請問我們約哪個時間你比較方便呢？」如果能夠給對方充分選擇的空間，他對你的印象也會改變。

換句話說，這就是「是否尊重對方」的差別。

如果我們想要約某個大人物吃飯，也要為對方想一個「讓他有意願赴約的理由」。譬如我們可以主動拜託對方：「想跟您請教您過去成功的經驗」。這些大人物通常都很想對別人暢談自己過去成功的經驗、自豪的事蹟，但是很少有機會能夠談論這個話題。因此，如果我們主動提起，跟他說「請您一定要告訴我」，他就會對我們產生興趣。

想要影響別人必須要有理由。如果我們愈能配合對方，自然就能建立愈多的人脈。

請託是信賴的證明

如果是自己喜歡、尊敬的人所提出的請託，我全部都願意接受。

「這個工作人手不足，有人願意幫忙嗎？」、「有人想要幫你加油，可以見他一面嗎？」、「有這樣一個活動，可以請你幫忙宣傳、找人來參加嗎？」等等，能夠請我們幫忙的事情多不勝數。

這時最重要的是回覆的速度。首先，我們必須告訴對方自己能不能幫忙。如果回答得很含糊，對方就無法確定是否真的能夠拜託你。因此，如果是辦不到的事情，就要坦白告訴對方你辦不到。這點非常重要。

如果告訴對方自己能夠幫忙，實際上卻沒有做到，這種情況最容易失去對方的信任。因此一定要避免。

要一個人去拜託別人非常不容易。

反過來說，如果別人請你幫忙，就證明他信任你。而提出請託的一方，也只會請對方做他覺得對方可以辦到的事。

所以，如果想要幫上對方的忙，就應該這麼想：「他拜託我的事情，都是我可以做到的。」並且好好地去執行。

譬如，如果有多個活動都在同一天大約同一個時段邀請你出席，你該怎麼辦呢？

如果是我，就會趕場出席所有的活動。

這時最重要的是要好好徵詢對方的意見，譬如先問對方：「我前半個小時有事情無法到場，之後再前來露個臉可以嗎？」如果事先溝通好，對方也會覺得：「這麼忙還特地出席，真是太感謝你了。」

執行對方的請託對我們來說正是一個機會。有些人可能會討厭被拜託做一些雜事，但如同我在序章提到的，雜事才是最好的機會，是輕易賣人情給對方的絕佳時機。

接受雜事的請託等於告訴對方：「我願意為你做一些大家都不想做的事喔！」如果事情簡單到讓你覺得「為什麼這種程度的事情還要來拜託我呢？自己做不就好了嗎？」更是可以不費吹灰之力就把事情辦好，讓對方欠你一個人情。

不管什麼事情，都應該從正面來看。

再強調一次，我的想法是「跑腿為上」、「被人利用求之不得」。尤其在二十幾歲的時候，更是會這麼想。

如果對方不信任你，就連跑腿的機會也不會給你。所以你只能找出自己存在的價值，努力去完成。當你用「這種麻煩的小事不要來拜託我」為理由拒絕別人的請託時，如果被對方反問：「如果有更重要的工作你就願意做嗎？」就代表你失去對方的信任了。

如果能夠確實完成跑腿的工作，更重要的「跑腿」工作就會找上你。總有一天，這些跑腿工作會為你帶來參與大型計畫的機會。小小的工作經驗不斷地累積，就能讓我們學會執行工作的方式，並且帶給我們更重要的工作。這點不能忘記。

愈是繁瑣的工作愈要說「謝謝」

接受別人的請託能夠為我們加分。從另一個角度來看，我們也能透過請別人幫忙來建立人際關係。

舉例來說，你可以拜託別人一些雖然簡單，卻有點繁瑣的事情。譬如：請他代替你參加宴會、幫你到便利商店買東西，或是請他把車子借給你開一下。

每個人都討厭別人來拜託自己做一些費時費工的事情，但如果是看似有點有趣的事情、馬上就能完成的事情，反而會希望別人來拜託自己。

此外，如果別人願意接受我們的請託，要馬上向他道謝，譬如對他說「非常感謝你」或是「你幫了我一個大忙」。

人會因為他人需要自己而開心，因此意外地不會排斥有人來拜託自己事情。尤其如果面對的是自己喜歡的人、想要支援的人時更是如此。所以，在商場上，更應該好好地利用拜託別人的機會。

舉例來說，如果讓下屬或後進覺得「自己被需要」、「因為是我，才會被拜託這件事」，就能激勵他們的士氣。就算是簡單的工作，只要能夠確實完成，也能獲得成就感。

此外，我們也能透過請人幫忙的機會，來判斷這個人的能力如何，以及適合他或不適合他的工作。

譬如：他（她）想做什麼樣的工作？兩、三年後想要獲得什麼樣的地位？他（她）有考慮脫離公司獨自開業嗎？他（她）想結婚嗎？

觀察一個人在接受請託時的反應，自然而然就能得到這些問題的答案。因為他（她）如果覺得這件事對自己的現狀或將來的目標有利，就會積極地採取行動，人類就是這樣的生物。

只要稍微請一個人幫忙，就能與他建立人際關係。當然，如果想要把重要的工作交付給他，可以之後再進行。

從前曾有人對我說：「沒有人會像內田先生這樣，這麼常說謝謝。」

我會提醒自己，要經常把「謝謝」掛在嘴邊。因為只要確實表達感謝的心意，對方也會跟我說：「下次如果遇到什麼困難，隨時可以再來找我。」

我雖然經常拜託後進許多事情，但是他們似乎覺得：「內田先生比任何人都願意說謝謝，因此雖然他拜託我很多事情，也不會讓我覺得不舒服。」換句話說，即使拜託別人做一些稍微麻煩的小事，只要能夠好好地向他道謝，也會讓對方產生溫暖的感覺，覺得：「我做的其實也不是什麼需要這樣感謝的事情。」

感謝的心意只要沒有具體的表達出來，就很難讓別人知道。「為什麼你都不了解呢？」這麼說是不行的。別人感受不到我們的心意，是我們的過失。

正因為說句「謝謝」很容易做到，所以說的人與不說的人會給人完全不同的感受。我們必須把「道謝」當成一種不可缺少的習慣。

縮短心理、物理距離的技巧

能言善道不如側耳傾聽

我認為在對話中，與其以會「說」話為目標，不如以會「聽」話為目標。

最重要的一點是，我們必須隨時提醒自己，要在對話剛開始的數分鐘之內，找出對方想說的話以及現在關心的事情。

這是因為比起能言善道的人，人才、資金、資訊，都更容易往善於傾聽的人周圍聚集。

經常有人問我：「要怎麼做才能知道對方關心的事情呢？」答案很簡單，對方關心的事情，就是他一開始最先談論的話題。所以，第一要件就是好好地聽對方說話。

從對方的言談當中可以學到許多事情。而且甚至還有數據顯示，在初次見面時，百分之九十的人會對仔細聽自己說話的人抱有好感。

如果我們想要縮短自己與對方之間的距離，第一要件就是成為善於側耳傾聽的人，讓對方打開心房。

為了達成這個目的，我建議採取的手法，是想辦法與對方建立能夠在下班時間或周末假日見面的關係。換句話說，我們要以在對方沒有防備、容易敞開心房的時間與對方見面為目標。

這情形和上班時間的會面不同，彼此都處在放鬆的狀態，增加了親密感，因此也能開啟工作以外的瑣碎話題。

話說回來，你絕對不會想和討厭的人、難以應付的人一起度過下班時間或周末假日，因此對方願意在這段時間和我們見面，就證明了他已經對我們敞開心房。透過這種方式，我們才得以窺見對方的內心世界。

用伊索寓言的《北風與太陽》來比喻或許不是很貼切，不過就算我們想要強迫別人依照自己的意思做，也無法影響他內心的想法。該怎麼做才能點燃對方內心的火苗，讓他心甘情願地依照我們的想法來行動，這就要看我們的技巧了。

對話時的重點不是透過自己滔滔不絕地唱獨腳戲來激起對方的興趣，而是要先把對方引導到心靈安適自在的狀態。因此我會特別記得提醒自己要露出笑容。

在遞名片給對方時，比起介紹自己，先看著對方的眼睛露出微笑，傳達出「請多多指教，讓我們好好相處」的心意更為重要。我認為如果不從這麼做開始，任何事情都無法進展。

按摩對方肩膀不讓他有拒絕的機會

此外，身體接觸也是建立人際關係時有效的潤滑劑。

舉例來說，如果是我的話，就會幫那些大人物按摩肩膀。有些人可能會覺得這是需要鼓起勇氣的行為，但是我已經做過很多次了，而且從來沒遇過有人對我發脾氣，也幾乎沒有被拒絕過。因為我不先徵求對方許可，就直接動手幫他按摩。只要敢跟對方說「您覺得肩膀僵硬嗎？我按摩肩膀的技術很好，讓我幫您按按吧！只要一分鐘就好了」，並且直接按摩起來，就算成功了。就算對方說「不用了，這樣太麻煩你」或是「沒關係，我不覺得肩膀僵硬」，我也會照樣按下去，同時回答他：「總而言之讓我按個一分鐘吧！」

按摩的時間點應該以下班後或周末假日為目標，如果地點在郊外就更完美了。在對方心情變得比較開放的時候，就是我們的機會。

除了按摩肩膀之外，也可以按摩對方的手掌。我沒有車，因此經常請別人載我，這時我會懷著感謝的心情幫載我的人按摩。我的按摩也具有這樣的意義：「我不知道該怎麼報答你，至少讓我幫你按按肩膀、手掌吧！」

這些身體的接觸，不僅能夠像這樣傳達感謝的心意，也能縮短彼此的距離，產生心理上的效果。

謙虛與畏畏縮縮不同

我的信念是「既厚臉皮又謙虛」。

謙虛不等於畏畏縮縮。畏畏縮縮的人只會被別人看輕。

如同前面提過的，經常有人說我臉皮很厚。因為有人送我東西時我不會拒絕，吃飯的時候也會要求再來一碗。

這是因為我認為一直跟對方客氣反而失禮。對方之所以會招待我，應該是希望我開心，所以我不想辜負對方的好意，尤其是在與對方初次見面時更是如此。舉例來說，就算對方送我的東西我不太想要，我也會很開心的收下來。為了彼此著想，最好能夠乾脆地收下對方送的東西。

如果是實在難收下的東西，可以先拒絕一次。即使如此，如果對方還是堅持要你收下，這時絕對是收下來比較好，不需要跟對方客氣。

對於缺少這種經驗的人來說，或許很難做到。但是這時應該不要害怕，總之先踏出第一步，試著當個有點厚臉皮的人或許也不錯。

這麼做就能夠改變你的世界。接下來可以稍微嘗試提高「要求」的難度。我們可以在餐廳，或是在拜訪客戶時提出一些簡單的要求，譬如：「真是不好意思，可以借我手機充電器嗎？」並藉此觀察對方的反應。如果想要接近對方，就只能不斷地累積這種交涉經驗。

我是這麼想的，如果連一個充電器都不敢借，就不可能開發新客戶。

真實的距離感也很重要。譬如我們可以試著走進對方的個人空間，也就是進入對方周圍三十公分以內的區域。如果對方沒有露出厭惡的表情，那就代表他認定你是親近的人。

我有好幾次借別人家浴室沖澡的經驗。狀況類似：「我現在全身都是汗，可以借我沖一下澡嗎？」

雖然我可能會讓對方嚇一跳，但是從來沒有被拒絕過。之後對方也可以把這件事當成一個話題，跟別人說：「這傢伙，突然在我家說想要借浴室沖澡，嚇了我一大跳！」

在面對想要建立人脈的對象時，這些方法也能夠有效地縮短彼此之間精神上、物理上的距離。

正確的讚美能夠打動對方的心

人如果沒有接受讚美就會失去鬥志。然而，讚美的方法很難。如果讚美的方式錯誤可能會造成反效果。

除此之外，如果不是由衷感到欽佩而說出口的讚美，只會變成是單純的恭維。人們對於虛偽的話語特別敏感。要是讓對方覺得「你說這個不過是想討我歡心」，只會給人不可信任的感覺。所以前面也提過，我絕對不會拍別人馬屁。

讚美對方的重點大致可以分為三項。

第一是「外表」，第二是「個性」，第三則是「對話的內容」。

觀察對方的外表，就能知道哪個部分花最多錢打點。如果對著穿廉價衣服的人稱讚他的服裝品味，他也不會高興，因為這不是他重視的部分。就外表來說，應該找出這個人講究的地方，譬如髮型、儀態、配件、表情等等。如果你的讚美能夠搔對癢處，對方給你的評價也會上揚，因為對方會覺得：「他竟然能夠注意到這點，真是個識貨的人！」

如果稱讚的是第二點——「個性」，就是要察覺對方誠實、溫柔或是努力的一面。說話的方式意外地能夠展現出對方的個性。舉例來說，有些人不管在什麼情況下講話都很快、有些人則會看著對方的眼睛慢慢說話、有些人講話有條理、有些人開場白很長。觀察這些地方，就能看出一個人的個性。

至於第三點說話的內容，首先必須去理解對方的問題意識、思考方式、關心的事情。在理解之後，做出真誠的反應也非常重要。

像這樣，讚美時只要參考對方花錢打點的地方、對方的特徵、對方經常掛在嘴邊的話，就能提高打動對方的可能性。我們必須在與對方說話的同時，注意去分辨出這些部分。

就我的情況來說，至少會在談話剛開始的五分鐘，盡可能地徹底做到這點。談話時不需要找出五個、十個可以讚美的點，只要找出一個，其周圍就會散布著其他對方感興趣的部分。因此只要巧妙地順著對方的興致做出反應，讓對方能夠心情愉快的與我們談話，就會出現下一個話題。

舉例來說，ＨＩＳ的澤田會長現在對於豪斯登堡的案子，比其他任何案子都還要關心。因此我們只要問他與豪斯登堡有關的話題就可以了。譬如：「澤田先生的企業再生方式太厲害了，下一步是什麼呢？」他或許會這麼回答我們「其實過程很辛苦喔」，但依然能夠興致勃勃的與我們談話。

我們必須注意的是，不要哪壺不開提哪壺。

如果讚美了對方不太關心的事情，或是對方不想被稱讚的事情，可能會讓對方誤以為你是在諷刺他。以我為例，如果有人稱讚我「給人感覺很好」、「做事情很機靈」，我會很開心；但是如果有人說我「很會做生意」，或是「因為單身所以很受歡迎吧？」我就一點也不會覺得高興。

錯誤的稱讚即使沒有惡意，也會惹得對方不快。譬如當我們稱讚一位纖瘦的女性「好羨慕妳苗條的身材」時，對方或許想要擁有更女性化、更性感的體型，因此正為了太瘦而煩惱也不一定。

如何搔到對方癢處？高明的讚美技巧就在於能夠看透這個部分。

找出對方期望的回答

地位愈高的人，愈缺乏發牢騷的對象。然而大人物也是人，他們也會有單純想要發牢騷的時候。

這些大人物心裡有許多事情以他們的社會地位來看很難說出口，既無法對員工說、也無法對家人說。但是，他們又非常想把這些事情說給別人聽。這就是他們之所以會在銀座的酒店揮霍大筆金錢的原因。

所以，我們只要能聽他們發牢騷，他們就會非常開心。

當對方隨口找我們商量事情時，選擇他們希望從我們口中聽到的意見來回答也相當重要。

因此我們必須看穿對方的心，判斷他是真的想得到答案，還是只想要有人聽他抱怨，抑或是希望有人能夠推他一把等等。

舉例來說，就算是同樣一句「我想要往右邊走，可是……」，我們的回答也應該隨著對方真正的想法而改變。

對於真心想往右邊走的人，我們只要在背後推他一把，對他說：「那就往右邊走吧！基於這些理由，如果是我也會選擇右邊。」

然而，有些人會在這時發表自己的意見，滔滔不絕地闡述自己的主張：「不，這時應該往左邊才對，因為……」他們可能是基於好意，但是在旁邊聽的我忍不住這麼想：「現在不是讓你發表高見的時候吧！」說出想往右邊走的人，或許其實只是想要有人贊成他的意見就夠了，不一定是真心想找人商量該往左走還是該往右走。

負面資訊更應該有效運用

有些時候，對方期望聽到的回答，也有可能是會讓他聽起來不舒服的資訊。譬如我曾經透過下列方式，獲得某位高爾夫球場老闆的青睞。

我在那個高爾夫球俱樂部打完一場球之後，會將在意的事情寫在紙上，交給球場的老闆。譬如：「這一洞雖然規畫的不錯，但是有三點讓我很在意。」

儘管老闆沒有拜託我，我還是點出了不夠完善的部分。這樣做了幾次之後，老闆對我很滿意，後來我每次去那個高爾夫球場打球，他都算我會員價。

我點出來的內容都不是什麼大不了的事情。頂多就只是「四個人一起吃午餐的時候，只有一個人的餐點比其他人晚十分鐘端上來」，或是「發球區有菸蒂掉落」之類的小事。

老闆都很想知道這些枝微末節的事情，但是下屬通常不會把這些對自己不利的資訊向上呈報。

我也不是刻意要告狀，而是老闆很難發現這些會導致服務品質下降的負面訊息。因此把這些部分挑出來，老闆反而會很高興。

有人問我：「做這種事情不會被討厭嗎？」這就要看你怎麼說了。訣竅在於，只挑現場工作人員努力一下就能立刻改善的問題來回報。

舉例來說，只要注意一下就能立刻改善我所指出的「有菸蒂掉落」的缺點，因此這並非不合理的抱怨。

就算是多少有點逆耳的指責，只要能切中要點，對方也會覺得「這個人直截了當地明確告訴我缺點，真是不勝感激。」

如果想要成為許多人當中被選中的那一個，也必須看準時機，適時地告訴對方一些聽起來不是那麼舒服的建議。因為很令人意外，大人物身邊缺乏願意說真話的人，所以說出真心話的人多半會獲得喜愛。

如何聯絡久未聯絡的人

當我們想要聯絡好一陣子沒有見面、許久未曾聯絡的朋友時，會因為不知道對方的反應而感到緊張。

然而，就算好幾年沒有打電話給他也不需要猶豫，只要心血來潮時撥個電話過去就可以了。即使雙方已經有三年左右的時間沒見面，只要自己還知道他的電話號碼，突然打電話過去也沒關係。

就我的情況來說，只要我一想起某個人：「不知道他現在在做什麼呢？」就會毫不猶豫立刻拿起電話打過去，我的開場白通常都像是「想知道你現在好嗎（突然想起你來），所以就打個電話給你」。雖然有些人會被我嚇到，但是絕大多數的人都會對我說：「謝謝你想起我。」

仔細想想，久未聯絡的人不太可能因為你突然聯絡就發脾氣，也不會破口大罵「為什麼要突然聯絡我！」所以實際上，這是一種能夠在沒有風險的情況下拓展世界的方法。

任何事情都可以用來當成打電話的藉口。譬如：「要不要見個面互相報告近況呢？」、「整理名片時，腦中突然浮現出你的臉」、「我換工作了」等等。這麼一來，大部分的人也會回答：「我也正想聯絡你！」或是「我正想跟你見面呢！」

然而即使如此，我們還是很難突然打電話給地位比自己高的人。

如果是這種情況，我就會先找介紹人。譬如當我想見A先生的時候，就會去找我與A先生共同認識的朋友幫我們牽線。

我會請他幫我傳話給A先生：「內田先生說他想見您。」

此外，我也會先準備好對A先生來說有利的情報。站在A先生的角度想，如果對方能夠帶來讓你開心的提案，即使他突然跟你聯絡，你也不會感到不愉快。除此之外，我們態度也不能過於一廂情願，要給對方回絕的空間，譬如跟對方說「如果您願意的話，請跟我見一面」，對我們來說，只要能有見面的機會就夠了。

HIS的澤田會長也曾經對我說：「如果有什麼需要，歡迎再聯絡我喔！」但是我一直找不到可能讓他開心的題材。後來我突然想到一個點子，我想到我可以在自己當時經營的「就職課」這間公司所發行的「學生新聞」中，寫一篇澤田先生的專訪。我藉著這個機會一下子接近了澤田先生。

此外，雖然我有好幾年沒有見到人力公司 en-japan 的越智通勝會長，再次見面時依然談得很愉快。因為我當場提出了一個能夠滿足會長需求的提案，甚至也因此接到一次金額龐大的工作委託。

對於不知不覺中就不再聯絡的人，或是疏遠一段時間的人，如果想要重新開始聯絡，或許可以從尋找對方感興趣的題材、對方可能會感到興奮的話題開始。剩下的，我想就只需要主動聯絡對方的勇氣而已。

第四章

禮貌力

不破壞人脈的禮貌與技巧

避免落入人際關係的陷阱

拒絕也需要禮貌

先前已經提過，拜託別人或是受人之託都能建立人脈，不過，在某些情況下也必須有技巧地拒絕，而且拒絕時也需要禮貌。

不合格的拒絕方式之一，就是「一口氣」地回絕。

拒絕時一定表現出一臉歉意，否則等於讓對方面子掃地。

有些人會像快刀斬亂麻似地一口咬定「不可能！」這樣給人的感覺並不好。舉例來說，拒絕對方的聚會邀約時，必須要好好地說一聲：「最近剛好比較忙，下次有機會的話請務必再邀我。」

如果你是真心想參加卻又無法參加，一定要詢問對方下次聚會的日期。這麼一來，對方也能理解你是真的抽不出時間來，下次就會再邀請你。如果能夠再寫封信或是寄個電子郵件表達自己不能參加的歉意，對方也能對你的拒絕有更正面的解釋。

不合格的拒絕方式之二，就是在聚會之前臨時拒絕。這樣的話，還不如一開始就表示無法參與。或者必須先告訴對方「我可能沒辦法去」、「先當我不會去吧！」以取得對方的諒解。在大人的禮節中，絕對不允許讓對方有所期待，最後再臨時取消的行為。

第三種，則是沒有提出替代方案就拒絕。拒絕時，應該讓對方知道雖然這次的條件你無法配合，但是如果條件修改你就願意參加，譬如「某月某日之後就能參加了」、「如果是這種目的的聚會我就願意去」、「參加費五千日圓太貴了，如果是兩千日圓我就能去」。即使是沒有興趣參加的聚會，只要能夠客觀地告訴對方無法參加的理由，對方也會比較容易接受。

此外，如果只是因為不想拒絕，就輕易答應對方的請託也是不行的。

隨隨便便就答應別人的請託，是失去人脈最主要的原因。如果因為太過於不想在當場讓對方留下不好的印象，就答應對方自己做不到的事情，對方不僅會因為等了老半天還看不見成果而對你失望，還必須開始尋找其他能做這件事的人。如果這是非常急迫的案子，就會讓對方陷入進退兩難的境地。

輕易答應別人的請託是不負責任的行為，甚至還有可能把對方逼入絕境。沒有什麼事情會比這樣更失禮。

所以，如果有人來請求我或邀請我做某件事，我會提醒自己要在一分鐘以內做出結論，並且立刻告訴對方我是否答應，或是再給我多少時間才能回覆，這點非常重要。這種做法也能讓對方十分放心。

當然，提出邀請的一方也需要禮貌。我們不能夠不管三七二十一就以強硬的態度邀請別人，必須為對方保留拒絕的空間。總而言之，在經營人際關係時，重點是不要帶給對方壓力，所以要為對方準備好台階。無論在工作上或愛情上，這都是身為一個大人必須具備的修養。

此外，即便對方拒絕你的邀請，只要之後還有機會合作，就要明白地告訴對方「那就下次再麻煩你了」。就算不確定之後是否還有合作的機會，只要在當下先做好約定，就能減少下次邀請他的難度。就結果來說，即使對方曾經一度拒絕你，你們的關係也容易維持下去。

如果對方跟我說「下次再邀我吧！」我就會馬上找其他時間、其他主題的活動來邀請他，並且最好也能在當場決定行程。即使無法當場決定，我也會在隔天以電話或電子郵件與對方聯絡，在很短的時間內把行程排好。這是實踐約定、建立信賴關係的祕訣。

理解社交辭令

理解社交辭令（也包含所謂的「客套話」）非常重要。

真要說起來，社交辭令就是巧妙的互相欺騙，因此面對社交辭令時，最聰明的做法是乾脆假裝相信對方的話。一一反駁對方的社交辭令，假如質問對方「這不是你的真心話吧？」或者「你明明不是這樣想，為什麼要這麼說呢？」等等，不僅違反了社交禮節，也完全沒有建設性。在別人跟你客套時，老實地以「謝謝」之類的回答帶過這個話題，是最保險的做法。

雖然有點偏離主題，不過有些人會去斥責對方：「你為什麼不說（剛剛不說）真話呢？」然而，這樣的人最好去思考「無法說出真話的狀況」是誰造成的，因為最後他們總是一再被欺騙。

舉例來說，如果我們面對的是一個很容易被挑起怒氣的人，就會覺得如果說出真話可能會遭到對方責罵，因此開始說謊。

換句話說，這樣的人具有讓人變得輕易說謊的特質。

如同先前提到的，在邀請別人時，也要為對方準備拒絕的台階。如果沒有創造出一個讓對方容易拒絕的環境，會把對方逼得太緊。而當人在被逼得太緊的時候，就會開始說謊。

相反的，人在面對能夠溫和、溫暖地回應自己的人時，就會透露出真正的想法。

此外，當對方暫時回絕我們的邀請時，我們也經常無法明確地判斷是要再重新邀請對方一次，還是應該要放棄。在大多數的情況下，最好能夠把對方負面的社交辭令，當成「拒絕」來理解。

舉例來說，如果某位男性聽到女性說：「這個月很忙所以沒辦法答應你的邀約，真的很抱歉。」就照著字面上的意思等一個月，這樣是不行的。因為對方已經明顯地表現出她的不願意，所以最好不要再次邀她。（這位男性在這種情況下比較聰明的做法是，回答對方「那麼下個月妳有空的時候再跟我聯絡吧！」並且結束對話。當然，如果對方提出了替代方案：「這個月雖然不行，不過下個月應該沒問題」，就可以當成是有希望。）

如果邀請對方時他總是沒空，對方就很有可能是在躲你，這時最好不要再問得更深入。因為如果你是對方「真正想見的人」，他應該就會勉強湊出時間來跟你見面。

「一個月後」、「兩個月後」這樣的期限，其實是在傳達：「總而言之先拖時間」的訊息，只是想要找藉口來讓自己顯得「有意願參加」。如果對方對你有興趣，一定會主動與你聯絡。

如果對方沒有與你聯絡，就代表這條人脈斷了，而這也是不得不接受的現實。

不要忘記跟介紹者回報

受人引薦時，無論如何都一定要讓介紹人有面子，這點很重要。

如果接受某個人的引薦，首先應該要判斷他的意圖。

別人把你介紹給別人，一定有他的意義。所以，確實掌握介紹者的意圖非常重要。

我也經常幫人引薦，這時我會注意我介紹的人是否能夠好好發揮他的作用，或者他是否確實地向我報告他在我介紹的地方工作的進展狀況。

當我們開始一個新工作時，很容易忘記幫我們牽線的介紹者。然而，如果把介紹者忘記，對方就會開始想：「不知道他在我看不見的地方做了什麼……。」因此這點必須要注意。

我們應該與介紹者聯絡，徹底地向他說明事態的進展。在工作確定後，要好好地向介紹者報告：「我開始做這樣的工作了，非常感謝您的介紹。」並且表達感謝之意。

我認為，「有來有往」是人際關係中非常重要的基礎。

在我剛成立「就職課」這間公司（業務內容是媒合企業與找工作的學生）時，有愈來愈多媒體找我去演講或向我邀稿。即使是突然的邀請，或是很難安排的要求，我也盡量不去拒絕。

因為我想讓對方覺得：「內田先生很爽快地接受委託，那我下次就帶給他更好的提案吧！」

向介紹者回報現況，在工作剛開始的時候非常重要。如果怕打擾介紹者，可以先跟他說一聲：「如果有什麼進展，我可以向您報告嗎？」向介紹者回報，是我會仔細去注意的重點。

吃飯不要各付各的

我很喜歡請別人吃飯，也很喜歡別人請我吃飯，請客會讓我心情很好。而讓別人請客可以省下餐費……當然不是這樣。我之所以會喜歡讓人請客，是因為可以藉此獲得向對方表達感謝之意的機會，並且利用這個機會建立人際關係。

尤其在年輕的時候，好好地讓人請客也是一種禮儀。所以最好能讓長輩、前輩請你吃飯。

不過，總是讓人請客也會有問題。自己無論如何都想付錢的時候，可以趁著對方去洗手間的空檔把帳結清，或是先把信用卡交給店員，像這樣花點心思很重要。

在我的想法中，無論如何都不能各付各的，這是建立人脈的鐵則。

這是因為如果各付各的，彼此共享的愉快時光就會被「金錢」這個工具給瓜分掉了。「請客」與「被請客」本身已經是一種人際關係。在這之後，無論你是請別人還是讓別人請，都可以打電話或寫電子郵件向對方回禮。換句話說，請客或被請客的價值，就在於可以成為再次聯絡對方的理由。

話說回來，回禮的時候，不需要回給對方等值的禮物。即便是一條手帕，還是一雙襪子都沒有問題。

附帶一提，我曾經在銀座經營一間小餐館，直到數年前才收起來。很多人問我：「為什麼要經營小餐館呢？」其實經營小餐館有附加的好處。

好處就是，因為店是自己的，所以可以把這當成理由，隨意地招待別人來店裡用餐。

請人吃飯會讓人感到開心，把想要接待的人請來自己的主場效果非常好。

即便是初次見面的人，只要跟對方說：「請你來試試味道，料理當然是我請客。」對方也有很高的機率會回答：「那就不客氣了。」並且真的前來店裡。當然，我只會邀請自己想要結交的人，不然的話就太浪費了！

把信件與禮物當成武器

好好運用生日與紀念日

既然要送生日禮物或紀念日禮物，最好能讓對方對你的禮物留下特別的印象。然而也不需要無謂地選擇高價禮品來送。

舉例來說，我曾經刻意在對方生日過後一個月送花給他當生日禮物。對方在生日的時候會收到許多禮物，因此自己送的東西也會被埋沒在禮物堆當中。不過，一定沒有人會在一個月後才送禮。

這樣或許會讓對方以為你「是不是忘記了」，或者覺得「這個時候才送也太晚了吧」，然而如果禮物剛好在一個月後送到對方手上，並且附上一封信說明，就能讓對方了解你不是忘記，而是故意這麼做的。

一個月後剛好是紀念日當天送來的花枯萎的時候，所以最後留下來的就是我送的花了。

這麼一來，不僅能讓對方印象深刻，也容易成為對方聊天時的話題，譬如他可以告訴別人：「這個人很特別，故意在一個月後才送我禮物。」

此外，我也經常送錢包給幫我忙的女性當禮物。

沒有女性會討厭收到錢包。有些人也有這樣的迷信：「錢包最好不要自己買」、「用別人送的錢包才能招財。」而且錢包是平常隨身攜帶的物品，所以送錢包的效果很好。我有時也會在錢包裡放入一張一千日圓鈔票當禮物，這也能帶給對方驚喜。當然，我也希望對方把這件事當成話題。

我也曾經親手製作「優待券」。就像小孩子會自己做「搥背券」一樣，我會製作「隨時當司機券」、「請客券」等來送給對方。

這麼一來，對方也比較容易和我聯絡。像這樣給對方一個聯絡的理由也很重要。

我的朋友當中，有一位從事精油按摩的女孩子，她在我生日的時候送我一張「五十分鐘精油體驗招待券」，而且招待券上還親手寫著「一整年都有效！」收到這種禮物很令人開心。此外，我還收到過「當你的老婆兩小時券」，雖然不知道是什麼意思（笑），不過我記得收到時還滿開心的，覺得真是特別。

除此之外，我還收過入浴劑、各地的名水、午睡枕等等。這些都是我當時有點想要的東西，所以記得很清楚。果然，禮物還是要送能夠引起對方興趣的東西才對。

我從二十多歲時開始，就持續地送各式各樣的人禮物，特別是對於想要深交的人，我每年會送一、兩次禮物給他們。

我之所以會送禮物給他們，不只是因為他們會回送我金額差不多的東西，更重要的是我喜歡這樣的互動。所以交換禮物，也成為一種心意的傳接球。

基於這樣的理由，我現在會開始送一些價格稍高的東西。如果我送對方一萬日圓的禮物，對方也回送我一萬日圓左右的回禮，這會讓我十分開心。然而，如果我送對方五萬日圓左右的禮物，對方回送我五萬日圓左右的回禮，就會讓我更高興。五萬日圓的心意傳接球，絕對比一萬日圓更有趣。

不過，在二十多歲的時候，送禮時的創意或許比價格更為重要。譬如先前提到的自製「優待券」，或是送對方你最喜歡的書，並且寫上一段話等，都是不錯的做法。

賀年卡與年節禮盒都是促進人脈的機會

我以前每年都會寄出五百張左右親筆寫下新春祝福的賀年卡。由於這是一年一度的問候，所以會特別打起精神來寫。不過老實說，現在我一張也不寫了。因為不管怎麼刪減，賀年卡的數目還是每年不斷地增加。

這麼寫下去會沒完沒了，所以幾年前我就不再寫賀年卡了，就連別人寄賀年卡給我，我也完全不回。

取而代之的是，我會把收到的賀年卡全部保存起來，並且打電話或寫電子郵件給必須回禮的人表達我的感謝之意。

收到賀年卡卻不回信，或許會讓人覺得我很沒禮貌，我卻不曾因為這樣而被斥責。

相反的，如果在對方覺得「寄賀年卡給內田都沒有收到回音」時，打電話跟對方說「謝謝你的賀年卡」，反而會讓對方大吃一驚。而且我會趁著這個機會邀他吃飯：「我們也好久沒見面了，最近要不要一起吃個午餐呢？」換句話說，我會把賀年卡當成一個約對方見面的機會。這種做法，應該遠比單純只是互相交換「今年也請多多指教」的賀年卡更能展現成效。

我認為，人際關係不能是單向溝通，如何轉變為雙向溝通才是勝負的關鍵。

我在收到年節禮盒時，也會立刻打電話跟對方聯絡。

因為表達感謝要趁早、並且最好能夠親口告訴對方。打電話給對方時，不要光顧著道謝，也要好好地陳述自己的感想，譬如：「很好吃」、「品質很好」、「收到這個很開心，是我喜歡的東西」等等。把自己的心情清楚地傳達給對方是很重要的一件事。

如果對方是你想見的人，當然也要趁著這個機會請對方跟你見面。

我自己幾乎沒送過別人年節禮盒，不過旅行時，我會買當地的名產或特產回來送人。這和先前提到的生日禮物一樣，過年過節時，會有許多禮物送到對方手上，如果在這時送禮，我的禮物也會變得不起眼。

旅行時買的禮物，頂多就三千到五千日圓左右，如果價格過高，反而會讓對方覺得有壓力。比起價格，送禮的時機更是重要。

如果送禮時讓對方覺得「為什麼要挑這個時候送我禮物呢？」這個禮物就能變得很顯眼。

現在的日本社會，正在發生很大的轉變，也有許多公司不再送年節禮盒。日本的習俗固然重要，然而比起過年過節時送禮，最好還是能在平常時就做好溝通。

即便寄出了賀年卡，如果不能確實打動對方也沒有意義。最糟糕的應該是只印上公司名稱與「恭賀新禧」幾個字的賀年卡吧！這種賀年卡的確會被忽視，因為只是單純地把賀年卡寄到名片上寫的地址而已。而賀年卡也有可能是祕書或下屬製作的。如果一次要製作幾百張的賀年卡，自然而然就會變成這樣。

當然，即便是這種賀年卡，只要有一句手寫的問候語也會變得不一樣。換句話說，至少要寫下一行具體的內容，譬如：「最近我想請你吃飯」、「我想分你一點老家種的米」等等。

總而言之，禮物也好賀年卡也好，都不應該只是單純的年節問候，而是應該將其轉變為下次溝通或行動的契機。

寫信可以展現誠意打動對方

我雖然已經不寫賀年卡了，不過取而代之的是，每個月會寫五到十封信。我尤其會寫信給初次見面的人，或是幫助過我的人。

書信就像是加深對方印象的工具，能夠確保對方不會忘記自己。

如果見到對方的時候名片發完了，很多人會跟對方說「之後再寄給你」，然而，真的把名片寄給對方的人卻少之又少。不過我就會寄，因為話如果說出口就必須要做到。

此外，道謝或道歉很重視時效。

即便已經打電話或寄電子郵件跟對方道謝了，我有時也會再寄一封信給對方。我會在信裡面刻意地寫下對方說的話當中，令我印象特別深刻的部分。這麼一來，對方通常會很快跟我聯絡，並且再次約我吃飯。

如果想要特別強調自己有好好地聽對方說話，可以製作內容摘要，再附上手寫的信寄出。不要覺得麻煩，這麼做能夠提高對方願意再次跟你見面的機率。

寫信的確很麻煩，這點對方也知道。因此這份心意能夠確實地打動對方。在世人逐漸改用電子郵件溝通的現在，手寫的書信能夠發揮莫大的效果。

附帶一提，我使用的信紙組是文具老店鳩居堂的信封與信箋。我隨時會準備四組信箋與信封，有時也會隨著季節變換圖樣。寫信的筆則是自來水筆。

我的字沒有很漂亮，不過我覺得比起字好不好看，是否用心寫更重要。如果寫得快，不管怎麼樣都會看起來凌亂，重點是要靜下心來慢慢地寫。

有效解除危機的道歉方式、道謝方式

了解感謝與道歉的「價值」

如果想要建立穩固的人際關係，消除對方的疑慮非常重要。

我曾經因為參加某個聚會遲到，而被對方指責「看起來一點也沒有歉意」。其實我感到很抱歉，也覺得自己已經道歉了，然而從對方的角度來看，卻覺得我的道歉不夠徹底、不夠誠懇。

我們在說「謝謝」與「對不起」的時候，如果沒有做出對方期望的表情、說出對方期望的次數（甚至是超過），在對方心目中都是不夠的。

有些人主張「我覺得我已經道謝了啊」，或者「上次已經道過歉了吧？」然而，這樣的心意是否傳達給對方、是否讓對方滿意，是由對方來決定，不是我們可以決定的。

在我們想要表達感謝時，或許對方心裡想的是：「至少要寫封感謝函吧」，或是「應該給我價值十萬元左右的謝禮」。無論如何，只要對方不夠滿意，「謝謝」與「對不起」就無法傳遞到對方的心坎裡。

幾乎所有的年輕人都不了解這件事，而過去的我也是如此。

不過，羅多倫咖啡的鳥羽博道會長（現在的名譽會長）曾經這麼提醒過我。

鳥羽會長曾以來賓的身分，蒞臨我所企畫的某個聚會。我前去拜託他好幾次，最後他好不容易在百忙之中抽空前來。

聚會的隔天，我打電話向鳥羽會長道謝，結果接起來是答錄機的聲音，所以我只留下「昨天感謝您在百忙之中抽空前來」的留言就掛斷了。

過了兩個禮拜左右，鳥羽會長打電話給我。他這麼說：

「我很猶豫應不應該告訴你這件事，最後還是決定跟你講：『你很沒禮貌。』只有在拜託別人的時候三番兩次前來，隔天用一句電話留言就把別人打發……如果一直這麼做，你的人際關係會瓦解喔。」」

鳥羽會長的指責讓我清醒過來。

不管是誰，在拜託別人時都會傾盡全力。然而在事情解決之後，很容易就忘記對方的恩惠。所以在傳達感謝的心情時，必須比拜託別人的時候更加仔細用心。

我想，年輕的時候不會知道「謝謝」與「對不起」應該表達到何種程度，這只能依靠經驗的累積，不過還有一個方法，那就是不厭其煩地再三感謝、不厭其煩地再三道歉，直到對方跟你說「不用再跟我道謝了」、「不用再跟我道歉了」為止。如果對方沒有這麼說，他心裡或許覺得「再多跟我道謝一次也不錯」。

年輕人透過這種方式來學會感謝與謝罪的「價值」，逐漸從氣氛來了解應該做到什麼樣的程度，這點非常重要。

有技巧的道歉能夠幫你度過危機

即使非常小心注意，也有可能發生對不起別人的事情。

從前，我曾經承包過某個家庭教師派遣公司的工作，幫該公司發送招募家庭教師的傳單給五萬名日本的大學生。

某天該公司接獲通報，在京都的深山裡發現大量非法丟棄的傳單。我們把發傳單的工作委託給京都的業者，似乎是某位在那裡打工的學生把傳單丟到山裡面。

把工作委託給那樣的業者是嚴重的失誤，身為社長的我必須負全責。我立刻飛到對方公司，並且請京都的業者一同前來，在那間公司的專務面前再三謝罪，同時提出補救方案。我們不僅負擔補印丟棄傳單的費用、也協助將傳單發到其他地方，同時免費提供幾個原本必須付費的服務，才好不容易重拾信譽，至今依然與專務維持良好的關係。

然而我也發生過下列失敗的例子。

在我去找某位上市公司的老闆時，發現我從以前就一直想見的人碰巧也在那裡，結果我只對那個人說：「能見到您是我的榮幸，如果您願意的話，改天我再去拜訪您。」接著就打算與老闆談正事。沒想到老闆突然對我發脾氣：「你是怎麼搞的？我是因為你從以前就一直說想見他，才安排你們見面的耶。真是夠了，你今天給我回去。」

看來老闆似乎是為了給我一個驚喜，才特地安排這次的面談，結果我竟然沒有發現。

自此之後，我就再也約不到那位老闆了。經過一番努力，最後事情好不容易才塵埃落定。不過，當時真是嚇得我背脊發涼。

若發生失敗、讓對方覺得不愉快，或是對不起對方的事情，總而言之都只能道歉。而且道歉時，一定要親自登門謝罪。

無論是誰，都會發生錯誤或誤會，把發生的事情看得太嚴重而意志消沉，覺得「這一生完了」，情況也不會好轉。遇到這種事情時，應該放寬心想：「這也是沒辦法的事，以後小心一點吧！」並且積極地去跟對方道歉。

很多時候我們會覺得「自己明明沒有做錯，對方為什麼要生氣呢？」，但是無論如何我都會先道歉。因為如果讓對方覺得不愉快，依然是我們的責任。

對方生氣時可能不願意跟我們見面。然而這種時候也應該鍥而不捨，好好地去找對方。

如果對方不願意見我們，就寫信謝罪。人類是會隨著時間過去而逐漸冷靜下來的生物，因此對方也能漸漸地理解我們惹禍的緣由與心情，能夠逐漸釋懷而原諒我們。

伴手禮出乎意料地重要。道歉時最好帶著禮盒前往，並且再三謝罪。伴手禮可以挑選對方祕書喜歡的東西，或是可以讓員工分著吃的點心。

有的時候對方會莫名其妙地對我發脾氣，但是我也不會太過在意。雖然在他發脾氣的瞬間會難過，然而相反地也會讓我燃起鬥志，覺得自己「也沒有做得這麼糟吧！」

這個世界上，幾乎沒有什麼失敗會嚴重到讓人一蹶不起。所以我認為，在某些情況下，莫名的責罵反而是負面教材，也是良性的刺激，會讓人產生「這麼一點小事就生氣，真沒度量」，或是「總有一天要讓你認同我」的想法。

總而言之，自己的頭腦要隨時保持冷靜。

面對不合理的責罵時，可以反過來覺得幸運。這些責罵就像是狗吠一樣沒有意義，把自己當成是對方宣洩壓力的出口即可。因為一個人不管地位再怎麼高都還是人，都會身體不舒服、會心情不好、也會因為太忙而睡眠不足。

要接受「不講理才是常態」

常常有人抱怨：「我的主管很不講理……」等等。

然而，這個世界就是會不斷地發生不合理的事情。我在第一章也提過，「社會是個不講理的地方」，公司組織就是學習這件事情的最佳場所。我在當上班族的時候，也遇過許多不合理的事情。

但是，我真心覺得不合理才是我的人生。所以就算遭受到不合理的對待，也不太會感到痛苦，反而還有賺到的感覺。

因為遇到不合理的事情，是擴大自己胸襟的機會。而徹頭徹尾不講理的人，將無法獲得周圍的人認同，結果最後還是自己吃虧。

「自己覺得有道理卻無法實現」的事情會讓人覺得不合理，但是這也同時表示對方並不覺得這件事不合理。若是雙方都覺得不合理的事情就不會存在。

換句話說，即便是自己覺得不合理的事情，在對方眼中也是合乎道理的。這麼一想，就能抱持著開放的態度分析對方的心情，了解到「原來也有這種思考方式」、「原來有人會在這種時候，對這一點生氣」，並且開始讀懂對方的想法。

我們如果能夠累積愈多這樣的經驗，就能愈接近「心胸寬大的人」。如果一個人的周圍全都是唯唯諾諾的人——一般人說的沒問題先生——而沒有說話不講理的人，反而無法讓他變成度量很大的人。

我曾經下定決心：「如果創業的話，絕對不要對下屬說出不講理的話。」因此回過頭來看，我認為不講理的人是有必要存在的反面教材。

特別是在與上一個世代的人來往時，一定要讓自己變得奴性堅強。我在任何情況下，都會採取「理解前輩所有行為」的態度。

我也曾經有過好幾次慘痛的經驗。

某次，關西有一場某個人主辦的活動，他找我去幫忙，因此我搭乘東京出發的末班新幹線往關西前進，就在快到名古屋的時候，那個人突然打電話來跟我說：「抱歉，行程突然改變導致明天的活動取消，所以你不用來了！」我沒有抱怨，只回答他：「我知道了！那麼下次再麻煩你。」就在名古屋換車回到東京。

不要抱怨，這點很重要。

就算你聽到一些多少有點不合理的話，也只要附和對方：「我也覺得確實如此。」這麼一來，過幾天對方冷靜之後，應該會來向你道歉：「那時說得太過分了」，或是「我自己也不知道自己在說什麼」等等。

即便在這樣的情況下也不責怪對方，甚至把這件事情當成是說笑的話題，對方就會認為你是「講理的人」或是「好人」，反而會提高你的評價。

大家都討厭總是挑剔別人缺點的人。「不合理的經驗才能成為養分（也能成為話題！）」這點請你一定要牢牢記住。

掌握有效率的人脈維護術

聯絡已疏遠的人

我既然有資格寫這本書，就代表我的人脈很豐富。尤其是許多年長的人，他們都很照顧我。因此也經常有人問我：「這麼多的人脈該如何維護呢？」我想，這不是人數的問題。

頻繁與我往來的人，頂多只有五十位左右。如果在各種場合，每次都能回應對方的期待與信賴，人際關係就不會瓦解。

不過，在某個計畫結束後，我與這個計畫的相關人脈或許會暫時失聯一段時間。然而就我的感覺來看，即使三年、五年左右完全沒有見面，人脈也不會就此斷絕。

我認為一旦與某個人建立了信賴關係，即使突然聯絡也不會顯得失禮。如同我先前提過的，就算突然打電話跟對方說：「好久不見了，你好嗎？最近要不要來見個面呢？」也無所謂。

長大成人之後，即使過了三年左右的時間，環境也多半不會有太大改變。當然，有些人可能會換部門、換職稱、換主管，甚至是換工作，但是工作的內容，這個人獨特的思考方式等，都不會有太大的不同。

所以反過來說，維護人脈或許只要三年一次就夠了。

我曾經聽過這樣一句話：「『喜歡』的反面不是『討厭』，而是『漠不關心』」所以重要的是要讓對方保持關心，至於實際見面的頻率多少降低一點也無所謂。

偶爾會有人說：「不要只是有事的時候才來找我！」然而如果要問我的意見，我會說不需要在意這種人。如果是我，明明沒有什麼要事還來找我，反而造成我無謂的困擾。所以不用白費力氣為這樣的事煩惱。

每年一次左右，藉著某種名目來主辦宴會也不錯。假設有一百個人前來參與活動，就有半數是很久沒見面的人。其中還有主動積極的人聚集而來，因此能夠有效率地維持人脈。

有的時候，即使想要聯絡的人無法前來參與宴會也無所謂。因為我們已經透過邀請他來參加宴會的行為讓他想起自己，實質上這就已經在維持人脈了。因為即使沒有實際見面，定期喚醒對方的記憶也很重要。

此外，我還有一種經常實踐的簡單方法，那就是寄明信片給偶爾會想見到的人，當成報告近況的方式。譬如我到其他地方去的時候，就會寄出明信片。在「七個道具」的部分提過，我會隨時在包包裡放幾張郵票，就是這個原因。我們不能忘記，稍微照顧一下對方的心情、表現出一點關心與體貼，是建立人際關係時最基本的基礎。

排定人脈的優先順序

我們必須為人脈排定優先順序。

我認為，應該擺在第一優先的是「只有現在才見得到的人」。一般來說，「在身邊的人，隨時都能見到的人」會這麼想的應該不是只有我。舉例來說，如果某位「只有這次才見得到的大人物」在優先順位都會被排到後面。你打算和女朋友約會的日子約你見面，確實應該以前者為優先。

要是女朋友問我：「為什麼不是優先和我約會呢？」我就會回答：「因為妳就在我身邊啊！」因為對方如果是我們最親近的人，我們就能請他忍耐一下。

對方與我們關係親近，就表示即使跟他說：「今天突然無法見面了。」改天也隨時可以再約。我們可以跟對方說：「這次請原諒我，下次一定會補償你的。」當然，如果突然取消約會又沒有任何表示，確實會讓對方討厭，所以一定要好好地採取補救措施。

所以反過來說，即使被親近的人放鴿子，也不需要過於悲傷，因為這也證明了你們關係親密。不需要因為覺得「那個人比自己還重要……」而感到失落。事情端看你怎麼想，如果你們的關係是：「今天不行的話就約明天或後天，如果再不行的話就約下個禮拜」，這也代表你們的感情就是這麼好。

相反的，如果面對的是還不熟的人，或者是說話還不能推心置腹的人，就絕對不能取消約會，因為這麼一來就一定不會有下次。排定人脈的優先順序，就是這個意思。

「切斷」人脈的注意事項

「切斷」人脈是個困難的問題，然而卻無法避免。

如果在冷靜思考之後，發現對方不是自己想要的人，這種時候該怎麼辦呢？如果是我，首先會減少見面的頻率，並且不主動打電話或寄電子郵件，斷絕與對方的聯絡。

我討厭的人是自己說個不停的人、一下子就生氣的人，以及破壞約定的人。如果不幸遇到這樣的人，就要盡可能地努力不與他們見面。

不過也有一些人沒有發現對方在躲著自己，或是把別人的社交辭令當真、不由分說地強行約別人見面。

然而，人類是愈常見面愈會產生感情的生物。所以即使覺得某個人很麻煩，愈常見面就會愈難遠離他，這點非常危險。

如果必須與某位我想避開的人見面，而且無論如何都逃不掉的情況下，我會盡可能地多找幾個人一起去，避免見面時出現一對一的情形。

一對一是一種非常特別的關係，如果一對一見面，就必須開始進行確實深入靈魂的往來。所以要盡量避免與麻煩的人獨處。

常有人說，一整年都面對面的夫妻彼此會變得愈來愈像。這是因為他們在對話時，會深入對方的靈魂的緣故。如果變成一對一的關係，就連敷衍也行不通。

所以如果必須與棘手的人見面，可以問問看對方：「我可以找主管或下屬一起來嗎？」由此可知，有時也需要拉同事來當擋箭牌，所以身為一個上班族，還是應該在公司內結交自己的同伴才對。

如果見面的地點是在餐廳或酒吧，可以事前先跟店家套好招，請他們「每隔三十分鐘過來招呼我們一下」效果也很好。

我在銀座經營俱樂部時，如果遇到棘手的客人，也會請媽媽桑陪負責的女孩子一同招呼，想辦法利用這種方式來改變氣氛。因為在這樣的場合中，只要有任何一位其他人存在，關係的密度與氛圍都會改變。

不過，有些人即使當場令你火冒三丈，讓你覺得「這傢伙真不可理喻」，未來也有可能會變成你需要的人。這就是人際關係有趣的地方。

誰也不會知道哪個人會在什麼時候，在什麼樣的場合下大放異彩。在工作上請別人幫忙或是幫別人的忙其實都是一體兩面，因為我們不知道自己會在什麼時候變成拜託別人的立場。

一個人只要一度遭受我們惡意對待，就再也無法變回我們的盟友。所以我認為，就長遠的眼光來看，最好能把所有遇見的人都當成是對自己有益的。

我們要牢牢記住兩個原則，那就是「不要製造出討厭的人」以及「不要對不起別人」。

不要追求短期的回報

我認為在人際關係上不應該追求短期的回報。

從前，如果受我照顧的人沒有給我回報，我就會感到生氣，認為「我對你這麼照顧，為什麼你沒有給我任何回報呢？」

當時我剛成立一間名為「就職課」的公司，有一位客人就算我費盡全力幫他找工作，他也完全沒有給我任何好評。除了因為我對他說「請你幫我介紹客人」，而介紹了幾個人給我之外，自此之後就完全沒有聯絡，也沒有任何消息。這更是讓人覺得心情很糟。

不過，現在的我已經不太會生氣了。因為我知道有些人即使我什麼也沒做，也願意親切地對待我。也有一些人即使我沒拜託他，還是願意介紹好人給我認識。

如果每天持續一成不變的生活或許很難發現成果，即使總是在幫別人介紹，卻覺得自己沒有立即獲得回報，也可以換個角度來看，有時候帶給自己好處的機會可能在意想不到的地方出現。如果我們對別人有貢獻，即使那個人沒有報答我們，也一定會有其他人以某種形式帶給我們回報。這就是人際關係的奧妙之處。

即便是公司之間的交易，也是有付款狀況極差的人，以及願意多支付一些附加費用的人，譬如支付一千兩百萬日圓購買市價一千萬日圓的工作內容。

所以我調整了自己的想法，認為我們在看待這個世界上的事情時，不應該當場計較得失，而是必須透過更長遠的眼光來考量。

有一間名為 AIM UNIVERSE 的公司邀請我擔任外聘董事。該公司的社長藍川真樹，是棒球隊東京養樂多燕子最年輕的正式贊助者。

距今十年前左右，我曾經很照顧當時二十歲的藍川社長，因為我對他直率、認真的態度頗有好感。這樣的他，在很短的時間內成立了這間公司，並且創造了數十億日圓的營收。

我純粹因為喜歡藍川社長所以支持他，然而過了一陣子之後，藍川社長對我說：「當時很感謝您的照顧，如果您願意的話，請來當我公司的董事。」我聽他這麼說真的很開心，藍川社長明理、懂得感謝、知恩圖報的態度相當了不起。

此外，還有一位年僅三十三歲就成為東京世田谷區議員的小松大佑先生。我從他在Recriuit公司上班，擔任業務員時，就給了他很多幫助。他後來被挖角，成立了創新企業，最後一舉選上區議會議員。現在成為我擔任顧問的企業與世田谷區之間的橋梁，是我重要的助力。

這樣的說法或許有點問題，不過簡而言之，我在十年後從他們身上獲得了回報。我再強調一次，建立人脈時，不能只計較短期內的得失。

建立人脈的原點，或許就像是長期投資。而我可以斷言的是，人脈絕對是能夠為你的人生帶來莫大報酬的絕佳武器。

這個世界自有其平衡的方式。並不值得每次都患得患失。大部分的人都喜歡被請，但是討厭請客；喜歡別人教自己，然而卻覺得教別人很麻煩；喜歡拜託別人，卻討厭被別人拜託。

不過，給對方好處這件事情到頭來得利的還是自己。就這層意義來看，建立人脈並非一對一交易，不一定要從對方身上獲得回報，取而代之的是，我們也會接受其他某個人的恩惠。

最壞的情況是，回報或許要等到來世才會出現。不過我最近覺得這樣也沒什麼不好，建立人脈不能急。

如果能做好這樣不疾不徐的心理準備，人脈就會變得愈來愈寬廣、愈來愈豐富。

20歲的人脈力養成講座

成功約到1000位企業主的實用心理技巧，
讓技術、資金、情報集結到你身邊
20代から始める「人脈力」養成講座
（原書名：人脈力）

作　　者　內田雅章
譯　　者　林詠純
社　　長　陳蕙慧
責任編輯　劉偉嘉（初版）、翁淑靜（二版）
特約編輯　李道道
校　　對　魏秋綢
封面設計　LILIANGDA
內頁排版　謝宜欣
行銷企劃　陳雅雯、尹子麟、余一霞

讀書共和國集團社長　郭重興
發行人暨出版總監　曾大福
出　　版　木馬文化事業股份有限公司
發　　行　遠足文化事業股份有限公司
231新北市新店區民權路108-4號8樓
電　　話　（02）22181417
傳　　真　（02）86671065
電子信箱　service@bookrep.com.tw
郵撥帳號　19588272木馬文化事業股份有限公司
客服專線　0800-221-029
法律顧問　華洋國際專利商標事務所 蘇文生律師
印　　刷　呈靖彩藝印刷股份有限公司
初　　版　2014年8月
二　　版　2022年1月
定　　價　320元
I S B N　紙本書：978-626-314-100-1
電子書PDF： 978-626-314-101-8
電子書EPUB： 978-626-314-102-5

20歲的人脈力養成講座 : 成功約到1000位企業主的實用心理技巧 , 讓技術、資金、情報集結到你身邊 = 20代から始める「人脈力」養成講座 / 內田雅章著 ; 林詠純譯 . -- 二版 . -- 新北市 : 木馬文化事業股份有限公司出版 : 遠足文化事業股份有限公司發行 , 2022.01
面 ;　公分
譯自 : 20代から始める「人脈力」養成講座
ISBN 978-626-314-100-1(平裝)

1. 職場成功法 2. 人際關係

494.35　　110020294

20 DAI KARA HAJIMERU「JINMYAKURYOKU」
YOUSEIKOUZA by UCHIDA MASAAKI